共立出版

Contents

巻頭言 Summer 2023

レッドオーシャン，浸かるか逃げるか

■日浦慎作

「十年一昔」とは，変化が激しいこの世では，10年も前のことはもう昔のことだ，という意味だ。しかし，この言葉はいまや，コンピュータビジョンやAIの分野ではまったく通用しないだろう。「一年一昔」でも足りないぐらいだ。現在，私がこの原稿を執筆しているのは2023年2月中旬だが，現時点でのトレンド・・・やれBingはChatGPTより有能みたいだぞとか，Bardはいつ一般公開になるんだろうとか，そういう話は6月の本書刊行時点にはすっかり昔話になっているに違いない。また，これら最新のAIは，圧倒的な資金力と膨大なデータをもつGAFAMらが巨費を投じて鍛え上げた大規模言語モデルが基盤となっており，同じ深層ニューラルネットワークを用いていても，そこいらの研究室で学習できるものとは「世界が違う」といっても過言ではない。これは言語分野で先行する動きであるが，同様の状況は画像分野にも到来しつつあると考えられている。

このような動向について，もちろん，われわれは研究者・開発者を問わず，アンテナを高く上げて状況把握を続けなければこの業界では生きていけない[1)]。この観点で季刊の本シリーズ「コンピュータビジョン最前線」はまさに時代の寵児であり，ぜひ最新動向の吸収にお役立ていただきたいが，ここでは少し視線をずらし，この状況の中，研究者はどうやってこの先生きのこるのかについて論じてみたい。

1) 私自身がちゃんとフォローできているかどうかは棚に上げ。

新天地を目指せ

AI分野ではいまや大規模な資金力がなければ太刀打ちできない，えらい時代になってしまった・・・と嘆くのはやや視野が狭い，という話から始める。そもそもこのような状況は，他の多くの成熟分野ではとうの昔から当たり前である。たとえば工学部にいらっしゃる方なら，他学科の研究を観察してみればよい。大学の研究者が生み出すものの性能が大企業の主力製品と肩を並べる研究領域など，ほとんどない。たとえば電子工学科では半導体を研究しているが，5 nmで何百億トランジスタの最先端集積回路を作ることはできない。産業界で最もホットな競争には関与していないのだ。では何をやっているのかというと，それらに比べるとまだ市場が小さかったり未開拓の用途が多かったりする MEMS や光集積回路，またはそれらの基礎となる要素技術の研究をしている。そもそも，大学など小規模な研究機関で生み出されるものの性能が最先端を走っている状態は市場が未成熟だということであり，産業への移行は画像分野でも顔認識や文字認識ですでに経験し，自動運転技術で現在目にしている現象である。要するに，商売のネタになると一気に抜かれてしまう。

では，われわれのようなフリーエージェントには何が求められるのだろうか。大きな市場を生み出しつつある領域をいち早く見極めて手を離し，自らは新天地に旅立つ胆力が期待されているのではないだろうか。そんなの当たり前だと思う方が多いだろうが，実践を伴うのは実に難しい。それにはまず，性能を競い SOTA を追う研究から脱却し，さらにはそれを評価する姿勢や文化を改める努力をしなければならないだろう。これには痛みが伴うこともある。主流から外れた上，性能も出ない研究は評価されないことが多い。論文が出ない期間にも耐えて信じるものを追う我慢も，時には必要ではないかと思う。

天邪鬼であれ

いささか主語が大きくなりすぎるきらいがあるが，われわれ日本人には世間一般の価値観と自らのそれをうまく弁別できない人が多いように思う。自動車にしてもスマホにしても，ベストセラーを皆横並びで買うのを良しとしているように見える。それに比べるとフランス人などはよく天邪鬼な国民性があるといわれるが，素晴らしいことだと思う。天邪鬼という言葉に宿るネガティブな印象は払拭されるべきだ。

さて，研究者としてはどうだろうか。スゴイ研究の講演を聞いたり論文を読んだりしたとき，その良さになびいてしまったり近隣に吹聴したりしがちではないだろうか。私は，研究者はそれではダメだと思う。フンだ，あんなもの大したことない，金かけてるだけで後追いだよ。など，粗を探してけなすぐらいがちょうどいい。なぜなら，研究にはダイバーシティ，つまり多様性が必要だと思うからだ。優れた研究からは当然ながら多くの人が影響を受けるため，オリジナリティに発展する可能性が低い。特に大学などの研究者は，産業化にはまだ早い技術の「種蒔き」をすべきという立場からも，発芽率が低いのを承知の上で，距離を置こうとする気持ちを少しはもってほしい。もちろん良い研究が参考にならないということではない。けなしながらもその裏で，こっそり論文を精読したり実装したりして，エッセンスを盗むぐらいの闘争心があってほしい。

関西人のススメ

研究には多くの評価軸がある。「性能が良い」「役に立つ」「金になる」「新しい」などがその代表であろう。しかし，関西人である私はあえて「おもろい」の軸を強く推したい。実のところ，読んだ論文がその著者の課題を解決するかどうかなど，個人的にはどうだっていい。それよりは，一本取られた，そんなこと思いつくとは・・・，と感心したいし，自分が研究するからには，人にそういう思いをさせたいのである。関西人の「おもろい」の概念を説明するにはこのスペースは狭すぎるが，これは決して単に「面白おかしい」とかいうことではなく，機転と発想に対するリスペクトを伴う感情である。意外な組み合わせや発想を，魅力的なストーリーとともに簡潔な言葉で表す，その観点がもっとあってしかるべきだと思うが，そういう研究や論文が減ってきているのではないだろうか？ また，皆様にはぜひ，それが「ウケた」という喜びを，次なる研究の糧にしてほしいと願う。「ウケ狙い」な研究も，たまにはいいかもしれない[2)]。関西人としては「あいつはまじめやし仕事もできるんやけど，おもろないんや」とだけは言われたくないものである。

2) もちろん，笑えるプレゼンでウケ狙いではなく，問題設定なり手法なりでウケを狙うもの。

おわりに

研究者にはそれぞれのライフステージで求められる価値基準が変化する。たとえば，博士後期課程で学位をとろうとする学生に，海のものとも山のものともつかない研究テーマを与えて路頭に迷わせるのはいかがなものか，ということである。時には泥臭くゴールを決める割り切りも必要で，きれいなシュートばかりを狙うより，無理やり押し込んだりリバウンドを制したりする能力も研究者には求められる。しかし，必ずしもそんなときばかりではない。機会を捉えて，論文数にも評価にもとらわれない，真の自由人としての研究を目指してみてはいかがだろうか。決してレッドオーシャンから逃げるのではなく，これは新天地への旅立ちなのである。

ひうら しんさく（兵庫県立大学）

イマドキノ拡散モデル
画像生成の世界を変えた魔法の舞台裏

■石井雅人

1　はじめに

同僚に「これ面白いです」と渡された論文 [1, 2] を私が最初にざっと眺めたときの感想は「なんか凄そうだけど，わけわからん（やたら数式多いし）」だった。しかし，ほどなくしてその論文は，高精細な画像の生成において一世を風靡していた GAN を打ち破る研究 [3] の礎となり，さらに DALL·E 2 [4] や Imagen [5], Stable Diffusion [6] をはじめとするテキストからの画像生成の驚異的な発展へと繋がっていき，今となっては過去に例を見ないほどの爆発的な進展を現在進行形で遂げている「拡散モデル」の元祖として認知されるようになった。私は同僚の先見性に驚嘆するとともに，これからこの技術を知ろうとする（主に自社内の）人たちのために「あの当時自分が欲しかった解説」を目指した資料を作成し，後に動画化したものを YouTube で公開した[1]。この動画が今回本稿の執筆に至る遠因となったのは，不思議な巡り合わせというほかない。

さて，本題に戻ると，本稿では「イマドキノ拡散モデル」と題して，拡散モデルに関する最近の研究動向を紹介する。まずは 2 節で最も基本的な技術を詳細に解説することで前提知識を固めた後，CV 応用において重要となる条件付き生成への拡張について 3 節で，生成の高速化について 4 節で，それぞれ代表的な課題とアプローチを幅広く紹介する。最後に，結びの言葉とともに拡散モデルを学ぶ上で有用なリソースを紹介する。

[1] nnabla ディープラーニングチャンネルにおいて“【Deep Learning 研修（発展）】データ生成・変換のための機械学習 第 7 回「Diffusion models」”というタイトルで公開している。

2　拡散モデルの基本

拡散モデルについて詳しく解説する前に，まずはそもそも生成モデルとは何をするモデルなのか，また拡散モデルがどのようなアプローチで画像を生成しようとしているのかについて，簡単に説明する。その後，最も基本的な拡散モデルの 1 つであるノイズ除去型拡散確率モデル（denoising diffusion probabilistic model; DDPM）[2] について詳しく解説する。最後に，拡散モデルの独特で誤解しやすいところと，いくつかの重要なバリエーションについて明らかにしておく。

2.1　拡散モデルの基本的なアイデア

拡散モデルは生成モデルの一種である。生成モデルの目的は，与えられた学習データが従っているデータ分布をうまくモデル化し，同じデータ分布からデータをランダムにサンプリングする，つまり学習データと似たようなデータを無限に生成することである。しかしながら，一般的に実データの分布は非常に複雑である一方，われわれが気軽にランダムサンプリングできるデータ分布は単純な形状のものに限られている[2]ので，直接モデル化することは難しい。そこで，拡散モデルやGANを含む多くの深層学習ベースの生成モデル[3]は，単純な分布からサンプリングしたランダムなノイズ[4]をDeep Neural Network（DNN）でうまくデータに変換することで[5]，複雑な分布からのサンプリングを実現する。

[2] たとえば一様分布や正規分布など。

[3] 重要な例外は自己回帰型生成モデルである。

[4] 文脈によっては潜在変数とも呼ばれる。

[5] 「うまくデータに変換」というところが重要で，変換後のデータが学習データっぽくなるようにモデルを学習させる必要がある（後述）。

拡散モデルでは，ノイズからデータへの変換を「拡散過程を逆にたどる」ことによって実現する（図1）。拡散過程とは，データに対して小さなノイズを載せる処理を繰り返すことで純粋なノイズまで崩壊させる確率的な過程である。物理現象とのアナロジーで拡散という名前がついており，水の中に落とした1滴のインクのように，時間が経つごとに拡散し，ついには最初にどこに落としたかがわからなくなってしまうイメージである。まさに拡散しきったインクのように，拡散過程ではどのようなデータでも最終的にほとんど純粋なランダムノイズになるはずなので，どのようにちょっとずつノイズを載せるかだけを決めれば，この過程によって容易にデータをノイズに変換できる。拡散過程によってデータをノイズに変換できたので，ここで，もし，拡散過程を逆に遡ることができれば，原理的にはノイズからデータへ変換できそうである。つまり，純粋なノイズから少しずつノイズを取り除く処理を十分に繰り返すことによって，データを作り出せそうである。拡散モデルは，この「少しずつノイズを取り除

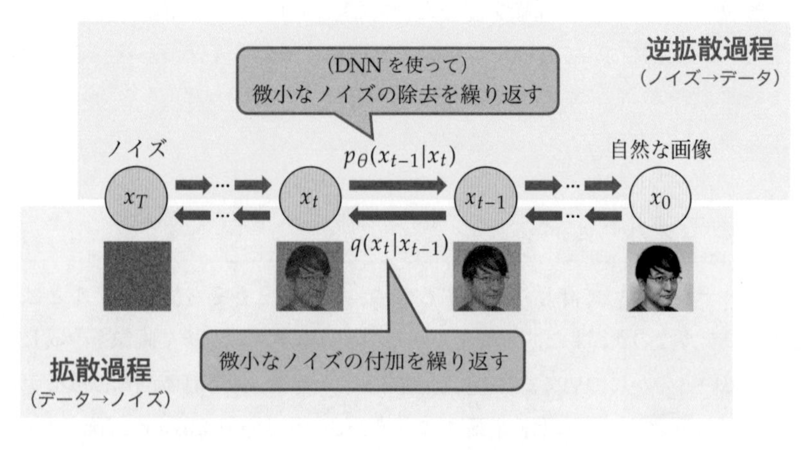

図1　拡散過程によるデータの崩壊と，逆拡散過程によるデータの生成

く」部分をDNNを用いた機械学習で解決し，ノイズからデータへの変換，すなわちデータの生成を実現する。

2.2 最も基本的な拡散モデル：DDPM

本項では，多くの拡散モデルのベースとなっているDDPM [2] について詳しく解説する。特に，データ生成におけるモデルの役割を明確にするとともに，その学習が非常に単純な形（ノイズ推定の2乗誤差最小化）で定式化できることを示す。

拡散過程の定義

拡散過程は，時刻が0からTへ進むにつれてデータにガウシアンノイズが少しずつ付加されていき，時刻Tにおいてほとんど完全にガウシアンノイズとなるマルコフ過程[6]である。時刻tのデータをx_tとすると，時刻$t-1$から時刻tで行われるノイズの付加を以下のように定義する[7]（図2左）。

$$x_t = \sqrt{1-\beta_t}x_{t-1} + \sqrt{\beta_t}\epsilon_t \quad (1)$$

ただし，β_t（$0 < \beta_t < 1$）は時刻tで付加するノイズの強度を決めるパラメータ，ϵ_tは時刻tで付加した標準正規分布に従うノイズ（x_0と同じ次元数）である。ここでは，時刻が進むにつれてx_tのスケールが大きくなることを防ぐために，x_{t-1}を少し減衰させてからノイズを足し合わせている。ノイズの強度を決めるβ_tは事前に設計する必要があり，たとえばDDPMの論文では$\beta_1 = 10^{-4}$から$\beta_T = 0.02$まで線形に増えるように設定している。

1時刻分のノイズ付加が定義できたので，データx_0が与えられたときのx_tの分布を考えてみよう。ノイズ付加の式を繰り返し適用することで以下を得る。

[6] x_tがx_{t-1}のみに依存して決定する過程。

[7] この定義は，$q(x_t|x_{t-1}) = \mathcal{N}(\sqrt{1-\beta_t}x_{t-1}, \beta_t\mathbf{I})$と同値である。この書き換え（VAEでいうところのreparameterization trick）はよく使うので覚えておくとよい。

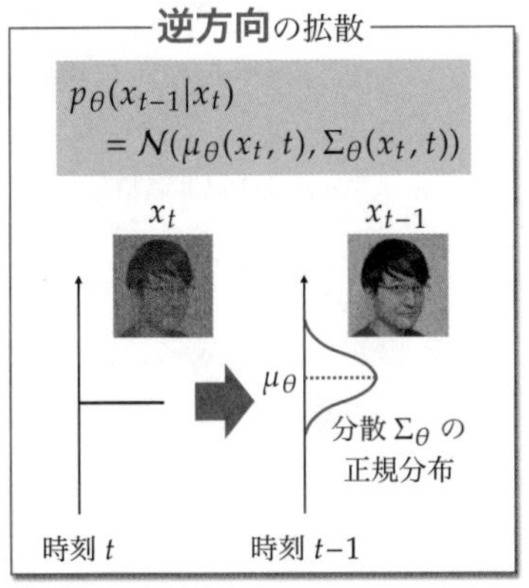

図2　1時刻分の拡散と逆拡散

$$
\begin{aligned}
x_t &= \sqrt{1-\beta_t}x_{t-1} + \sqrt{\beta_t}\epsilon_t \\
&= \sqrt{1-\beta_t}\left(\sqrt{1-\beta_{t-1}}x_{t-2} + \sqrt{\beta_{t-1}}\epsilon_{t-1}\right) + \sqrt{\beta_t}\epsilon_t \\
&= \sqrt{(1-\beta_t)(1-\beta_{t-1})}x_{t-2} + \sqrt{1-(1-\beta_t)(1-\beta_{t-1})}\epsilon' \qquad (2) \\
&= \cdots = \sqrt{\bar{\alpha}_t}x_0 + \sqrt{1-\bar{\alpha}_t}\bar{\epsilon}_t \qquad (3)
\end{aligned}
$$

ただし，$\bar{\alpha}_t = \prod_{i=1}^{t}\alpha_i$，$\alpha_t = 1-\beta_t$ で，ϵ' と $\bar{\epsilon}_t$ はいずれも標準正規分布に従うノイズである。式 (2) の変形は，正規分布の再生性による[8]。最終的に得られた式 (3) を見てみると，式 (1) と似たような，データとノイズの重み付き和の形になっており，データ信号の強度が $\bar{\alpha}_t$ で決定されている[9]。言い換えると，データ x_0 が与えられたときの x_t の分布は平均 $\sqrt{\bar{\alpha}_t}x_0$，分散 $(1-\bar{\alpha}_t)\mathbf{I}$ の正規分布で表現できるので，拡散過程においては特定のデータ x_0 に対応する時刻 t のデータ x_t は容易にサンプリングすることができる。また，時刻 T において $\bar{\alpha}_T$ が十分小さければ，x_T は x_0 に依存せず標準正規分布に従うと見なせる[10]。

8) $a\epsilon_t + b\epsilon_{t-1}$ は $\mathcal{N}(0,(a^2+b^2)\mathbf{I})$ に従う確率変数となるため，$\sqrt{a^2+b^2}\epsilon'$ と書き直せる。

9) $\{\bar{\alpha}_t\}$ と $\{\beta_t\}$ は，どちらかを決めればもう片方は自動的に決まる。

10) これによって，逆拡散過程の最初に x_T を標準正規分布からサンプリングして決めることができる。

逆拡散過程の定式化

次に，拡散過程を逆に遡る逆拡散過程を考えよう。逆拡散過程は，x_T から徐々にノイズが除去され，最終的にデータ x_0 となる過程である。x_t から x_{t-1} を決める 1 時刻分の逆拡散を考えてみると，x_t はそもそも x_{t-1} にランダムなノイズを付加することで確率的に得られたものなので，特定の x_t に対応するノイズ付加前のデータ x_{t-1} は一意には決まらず，確率的な分布をもちそうである (図 2 右)。実は，式 (1) のように十分に小さいガウシアンノイズの付加によって拡散過程を定義すると，逆拡散過程のほうも正規分布によって表現できることが知られている [7]。ただし，その平均と分散はよくわからないので，これをモデルで推定することにしよう。モデルのパラメータを θ とし，モデルが推定した平均と分散をそれぞれ $\mu_\theta(x_t,t)$，$\Sigma_\theta(x_t,t)$ とすると[11]，x_t が与えられたときの x_{t-1} の分布は以下のように書ける。

$$
p_\theta(x_{t-1}|x_t) = \mathcal{N}(\mu_\theta(x_t,t), \Sigma_\theta(x_t,t)) \qquad (4)
$$

したがって，x_t に対応する μ_θ と Σ_θ をモデルがうまく推定してくれさえすれば，これを平均・分散とする正規分布からサンプリングすることで，容易に x_{t-1} を得ることができる。x_T は完全なノイズになっているので，x_T を標準正規分布からランダムに決めた後に上記のサンプリングを繰り返すことで，x_T から x_0 まで順番にサンプリングでき，最終的にデータ x_0 が得られる。

11) 普通に考えると，時刻によって x_t の分布が全然違うので，時刻ごとにモデルを用意するのが自然だが，ここではモデルに時刻情報 t も入力することで任意の時刻に対応できるモデルが学習されると信じることにする。

尤度の最大化に基づく拡散モデルの学習

前項において，拡散モデルの役割は1時刻分の逆拡散を表現する正規分布の平均と分散を推定することであるとわかった。では，具体的にどのように学習させればよいだろう？ 2.1 項で述べたように，生成モデルの目標としては生成データの分布が学習データの分布に十分近くなってほしいので，式 (4) を使ったサンプリングを繰り返して得た生成データの分布 $p_\theta(x_0)$ と学習データの分布 $p_{\text{data}}(x_0)$ との相違度を最小化するようにモデルを学習させればよい。分布間の相違度を KL ダイバージェンスで測ることにすると，最適なモデルのパラメータ θ^* は，以下のように得られる。

$$
\begin{aligned}
\theta^* &= \operatorname*{argmin}_\theta D_{\text{KL}}(p_{\text{data}}(x)||p_\theta(x)) \\
&= \operatorname*{argmin}_\theta \left[\mathbb{E}_{x\sim p_{\text{data}}} \log p_{\text{data}}(x) - \mathbb{E}_{x\sim p_{\text{data}}} \log p_\theta(x)\right] \\
&= \operatorname*{argmin}_\theta \mathbb{E}_{x\sim p_{\text{data}}} \left[-\log p_\theta(x)\right]
\end{aligned}
\tag{5}
$$

したがって，学習データにおける負の対数尤度の平均[12] を最小化すればよい。ただし，複雑な分布の対数尤度を直接計算するのは大変そうなので，ここでは負の対数尤度の上界を計算しやすい形で求め，これを代わりに最小化することで間接的に負の対数尤度を最小化することにしよう。あるデータ x_0 に対応する負の対数尤度の上界は，イェンセンの不等式[13] を使うと以下のように求められる。

$$
\begin{aligned}
-\log p_\theta(x_0) &= -\log\left(\int p_\theta(x_{0:T})\mathrm{d}x_{1:T}\right) \\
&= -\log\left(\int q(x_{1:T}|x_0)\frac{p_\theta(x_{0:T})}{q(x_{1:T}|x_0)}\mathrm{d}x_{1:T}\right) \\
&\leq -\int q(x_{1:T}|x_0)\log\frac{p_\theta(x_{0:T})}{q(x_{1:T}|x_0)}\mathrm{d}x_{1:T} \\
&= \mathbb{E}_{x_{1:T}\sim q(x_{1:T}|x_0)}\left[\log\frac{q(x_{1:T}|x_0)}{p_\theta(x_{0:T})}\right] =: L_{\text{VLB}}(x_0|\theta)
\end{aligned}
\tag{6}
$$

ただし，$x_{i:j} = \{x_t\}_{t=i}^{j}$ と定義した。また，L_{VLB} は負の対数尤度の上界（つまり対数尤度の下界）に対応する損失関数である。このままでは計算しやすくなったのかわかりにくいが，拡散過程のマルコフ性 $q(x_{1:T}|x_0) = \prod_{t=1}^{T} q(x_t|x_{t-1})$ とベイズの定理を用いると，L_{VLB} は以下のように時刻ごとの項に分解できる[14]。

$$
\begin{aligned}
L_{\text{VLB}}(x_0|\theta) = D_{\text{KL}}(q(x_T|x_0)||p_\theta(x_T)) - \mathbb{E}_{x_1\sim q(x_1|x_0)}\left[\log p_\theta(x_0|x_1)\right] \\
+ \sum_{t=2}^{T}\mathbb{E}_{x_t\sim q(x_t|x_0)}\left[D_{\text{KL}}(q(x_{t-1}|x_t,x_0)||p_\theta(x_{t-1}|x_t))\right]
\end{aligned}
\tag{7}
$$

[12] p_{data} 上の期待値は学習データを使った平均で近似する。

[13] ここでの上界の導出では，$\log \mathbb{E}_q[V] \geq \mathbb{E}_q \log[V]$ という形で利用する。

[14] この部分の詳しい導出は，文献 [2] を参照。

損失関数の詳細

式 (7) 右辺の第 1 項は，時刻 T ではデータはガウシアンノイズになっており，θ に依存しない上にほぼ 0 なので，無視してよい。第 2 項はいったんおいておき[15]，第 3 項に注目すると，これは 2 つの分布間の KL ダイバージェンスの期待値からなる項になっていて，期待値をとる分布 $q(x_t|x_0)$ に関しては式 (3) によって容易にサンプルを生成できるため，ランダムに生成した x_t を使ってこの KL ダイバージェンスさえ算出できれば，この計算を繰り返して平均をとることによって容易に計算できる。

15) この項は別途計算可能だが，第 3 項の総和をとる範囲を $t = 1$ から始めることで代用しても経験的には問題ない [2]。

ここで，KL ダイバージェンスをとる 2 つの分布のうち，$p_\theta(x_{t-1}|x_t)$ のほうは式 (4) で示したような正規分布であることはすでにわかっている。もう片方の $q(x_{t-1}|x_t, x_0)$ は，ベイズの定理と拡散過程のマルコフ性を用いて以下のように変形できる。

$$q(x_{t-1}|x_t, x_0) = \frac{q(x_t|x_{t-1}, x_0)q(x_{t-1}|x_0)}{q(x_t|x_0)} = \frac{q(x_t|x_{t-1})q(x_{t-1}|x_0)}{q(x_t|x_0)} \tag{8}$$

よく見ると，上の式の最後に出てくる 3 つの分布は，式 (1) と式 (3) よりすべて正規分布であり，これによって $q(x_{t-1}|x_t, x_0)$ も以下のような正規分布になることがわかる[16]。

16) 対数をとってから x_{t-1} について平方完成することで導出できる。詳しい導出過程は文献 [8] を参照。

$$q(x_{t-1}|x_t, x_0) = \mathcal{N}(\tilde{\mu}_t(x_t, x_0), \tilde{\beta}_t\mathbf{I}) \tag{9}$$

$$\tilde{\mu}_t(x_t, x_0) = \frac{\sqrt{\alpha_t}(1-\bar{\alpha}_{t-1})}{1-\bar{\alpha}_t}x_t + \frac{\sqrt{\bar{\alpha}_{t-1}}\beta_t}{1-\bar{\alpha}_t}x_0, \quad \tilde{\beta}_t = \frac{1-\bar{\alpha}_{t-1}}{1-\bar{\alpha}_t}\beta_t \tag{10}$$

したがって，式 (7) 右辺の第 3 項は正規分布どうしの KL ダイバージェンスとなり，これは両者の平均と分散を使って簡単に計算することができることが知られている。さらに DDPM では，事前に決めたパラメータ σ_t[17] を使って $\Sigma_\theta(x_t, t) = \sigma_t^2\mathbf{I}$ と固定してしまうことで，この KL ダイバージェンスを正規分布の平均どうしのユークリッド距離という非常にシンプルな形式に落とし込んでいる。

17) DDPM では $\sigma_t^2 = \beta_t$ としている。

$$\begin{aligned} L_t(x_0, x_t|\theta) &:= D_{\mathrm{KL}}(q(x_{t-1}|x_t, x_0)||p_\theta(x_{t-1}|x_t)) \\ &= \frac{1}{2\sigma_t^2}\|\mu_\theta(x_t, t) - \tilde{\mu}_t(x_t, x_0)\|_2^2 + \text{定数} \end{aligned} \tag{11}$$

ここまでの結果をまとめよう。上の式を式 (7) に代入し，その結果を式 (6) に代入し，さらにその結果を使って式 (5) を書き直す[18]と，最終的に DDPM の学習は，以下のような最適化問題となる。

18) 詳しくは文献 [2] 参照。また，先に述べたように，式 (7) 右辺の第 2 項については，第 3 項の時刻に対する総和を $t = 1$ から始めることで代用する。

$$\theta^* = \underset{\theta}{\operatorname{argmin}}\, \mathbb{E}_{x_0 \sim p_{\mathrm{data}}, t \sim \mathcal{U}[1,T], x_t \sim q(x_t|x_0)} L_t(x_0, x_t|\theta) \tag{12}$$

ただし，$\mathcal{U}$ は一様分布である。L_t の定義から，モデルが推定すべき対象は実は $\tilde{\mu}_t$ であって，これを 2 乗誤差最小化で解いているということがわかる。ここで式 (10) を思い出すと，$\tilde{\mu}_t$ は「x_0 がわかっていて x_t が与えられたときの x_{t-1} の分布の平均」であるから，大雑把にいえば，モデルは真のデノイズ結果の平均のような量を推定しようとしており，このために DDPM には “denoising” という単語が含まれている。

損失関数のさらなる単純化

ここまでで，DDPM の学習では，式 (12) に示した最適化問題を解けばよいということがわかった。ところで，モデルが x_t から推定する対象の $\tilde{\mu}_t$ は，式 (10) より x_0 と x_t の重み付き和であるから，x_t が与えられている状況で $\tilde{\mu}_t$ を推定することは，x_0 を推定することと原理的に等価である。さらに，そもそも x_t は，式 (3) に示したように x_0 とノイズの重み付き和で作っているので，x_0 の推定は x_t を作るときに使ったノイズ ϵ の推定と原理的に等価である。そこで，ここではモデルの推定対象を $\tilde{\mu}_t$ から ϵ に変えて，ϵ_θ の学習として式 (12) を書き換えてみよう[19]。式 (10) と式 (3) を使って書き換える際に，L_t の中の 2 乗誤差の前についている係数が $1/2\sigma_t^2$ からもう少し複雑な係数になってしまうが，これを大胆に全部無視する[20] と，以下の非常にシンプルな損失関数が得られる。

$$\theta^* = \operatorname*{argmin}_{\theta} \mathbb{E}_{x_0 \sim p_{\mathrm{data}}, t \sim \mathcal{U}[1,T], \epsilon \sim \mathcal{N}(0,\mathbf{I})} L_{\mathrm{simple}}(x_0, \epsilon, t|\theta) \tag{13}$$

$$L_{\mathrm{simple}}(x_0, \epsilon, t|\theta) = \left\| \epsilon_\theta \left(\sqrt{\bar{\alpha}} x_0 + \sqrt{1-\bar{\alpha}}\epsilon, t \right) - \epsilon \right\|_2^2 \tag{14}$$

上の式に示した学習のフローは非常に単純で，図 3 に示すように「ランダムに決めたノイズを，ランダムに決めた時刻に応じた強さでデータに付加したもの

[19] 原理的にはどれも等価なのだが，実験的に ϵ を推定するモデルの性能が良かったと，DDPM では報告されている（後述）。

[20] これによって，厳密には負の対数尤度の最小化ではなくなってしまうが，損失に対して時刻ごとの重み付けを導入していると見なすこともできる。

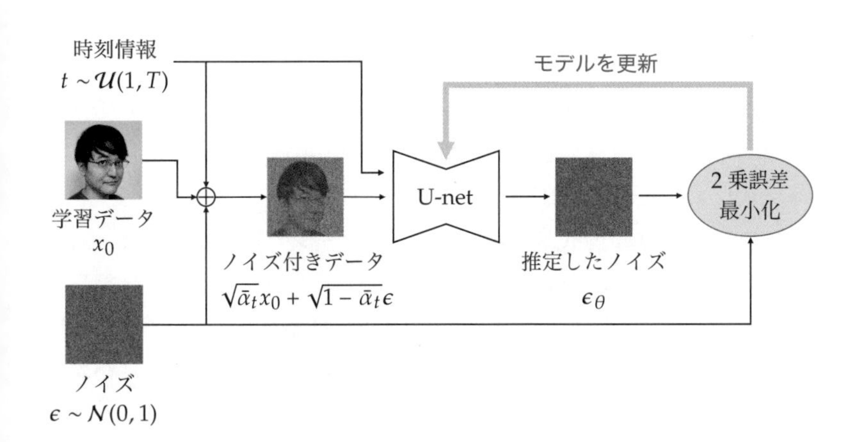

図 3　DDPM におけるモデルの学習方法の概要

を入力として，元のノイズを推定するモデル」を 2 乗誤差最小化で学習している。一見，素朴なデノイズ処理の学習に見えるが，ここまで見てきたように生成モデルの学習から導出されるという点が，拡散モデルの非常に面白い理論的側面の 1 つである。

逆拡散過程に基づくデータの生成

拡散モデルの学習が定式化できたので，今度はデータの生成について考えよう。基本的には，式 (4) を使って，適当な初期値 x_T から x_0 まで順番にサンプリングすることでデータを生成できる。先に述べたように Σ_θ は固定されており，DDPM の論文では単純に順方向と同じ $\beta_t \mathbf{I}$ を使っている。一方で，μ_θ は，学習の定式化の途中でモデルの推定対象を μ から ϵ に変えてしまったので，ϵ_θ から μ_θ を計算する必要がある。まず，x_t に載っているノイズがモデルで推定できると，式 (3) を使って x_0 の推定値 $\hat{x}_0$ を計算できる。

$$\hat{x}_0 = \frac{1}{\sqrt{\bar{\alpha}_t}} \left(x_t - \sqrt{1 - \bar{\alpha}_t} \epsilon_\theta(x_t, t) \right) \tag{15}$$

次に，μ_θ は $\tilde{\mu}_t$ を推定するモデルとして定式化できたことを思い出すと，式 (10) で x_0 の代わりに $\hat{x}_0$ を使って，μ_θ は以下のように求めることができる。

$$\mu_\theta(x_t, t) = \frac{1}{\sqrt{1 - \beta_t}} \left(x_t - \frac{\beta_t}{\sqrt{1 - \bar{\alpha}_t}} \epsilon_\theta(x_t, t) \right) \tag{16}$$

これで，式 (4) の正規分布の平均と分散がわかったので，この正規分布からサンプリングすることで 1 時刻分の逆拡散を実現できる。あとはこの処理を，標準正規分布からサンプリングして決めた x_T に対して時刻 T から 1 まで繰り返すことで，データ x_0 を生成できる。

モデルのアーキテクチャ

画像分野で具体的に ϵ_θ の推定に使うモデルには，DDPM で使われたアーキテクチャにいくつかの改良が施された Ablated Diffusion Model（ADM）[3]（図 4）かその派生モデルがよく使われている。

まず, DDPM では, PixelCNN++ [9] のバックボーンで使われていた U-net [10] に，グループ正規化（group normalization; GN）[11] と自己注意機構（self-attention; SA）[12] を導入したアーキテクチャが使われた。このモデルにおける SA は，U-net の中のある層で抽出されている特徴量のサイズを $H \times W \times C$ とすると，C 次元のトークンが $H \times W$ 個あると見なしてアテンションを計算しており，これにより，畳み込み層では表現できない非局所的な情報の統合を実現している。拡散モデル特有の要件として時刻情報 t もモデルに入力する必要

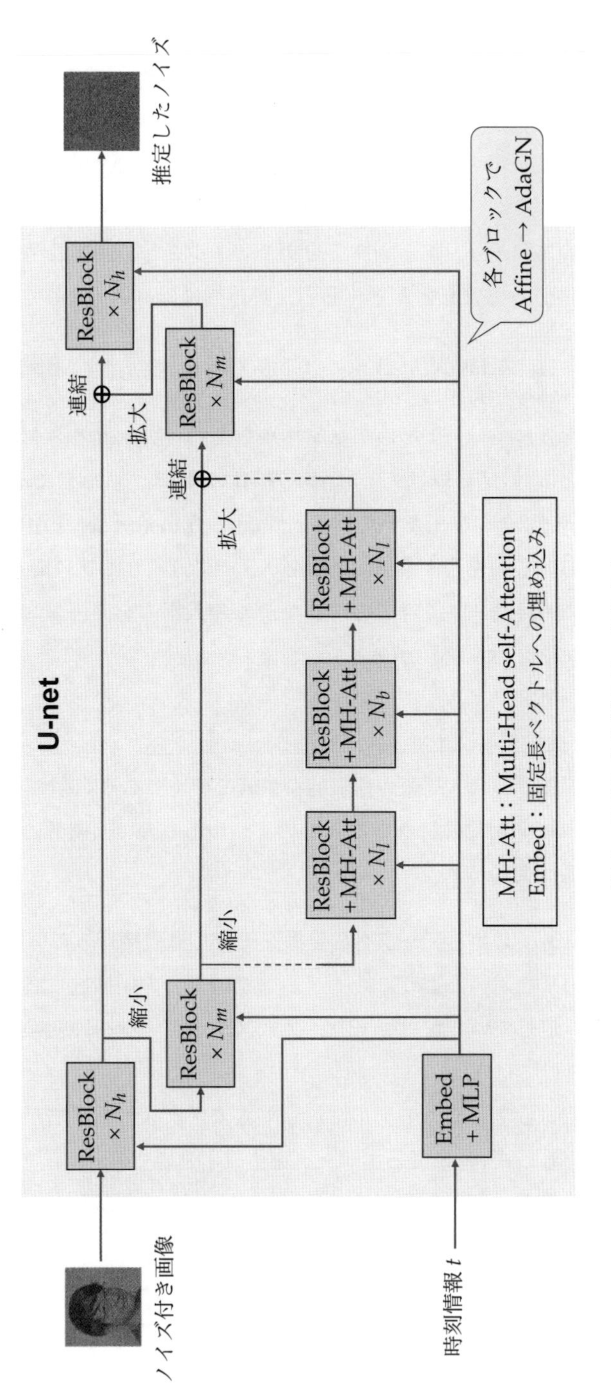

図 4　ADM のモデルアーキテクチャ

があるが，DDPM では t をまず sin 関数を使った埋め込み [12][21] でスカラーから特徴ベクトルに変換し，MLP を介してから U-net の中の各ブロックの特徴量に加算する形で t を入力していた。

21) Transformer の位置エンコーディングで用いられているものと同じ。

一方，ADM では，このモデルの層数や SA の回数を増やしたり，モデル中の残差ブロックの改良を行ったりするとともに，時刻情報の入力方法を適応的グループ正規化（adaptive group normalization; AdaGN）に変更している（図 4 中の赤線）。AdaGN では，AdaIN [13] や FiLM [14] で行われているような特徴量のスケーリングとシフトをチャンネルごとに行う処理を，GN の後に行う。正規化前の特徴量を h とすると，具体的には以下のような処理となる。

$$\mathrm{AdaGN}(h, t) = s_t \cdot \mathrm{GN}(h) + b_t, \ [s_t, b_t] = \mathrm{Affine}(\mathrm{emb}(t)) \tag{17}$$

ただし，s_t と b_t は h のチャンネル数と同じ次元数のベクトルであり，s_t の掛け算と b_t の足し算はチャンネル方向以外にはブロードキャストされる。

U-net 以外のアーキテクチャとしては，Transformer を用いた例 [15, 16, 17, 18] もある。この場合，事前に画像をパッチに分割したり [15, 18]，VQ-VAE [19] を用いたりする [16, 17] ことで，モデルの入出力をトークン列として表現できるようにしておく必要がある。

2.3 拡散モデルの独特なところ

拡散モデルは，従来の代表的な生成モデルである GAN [20] や VAE [21] などと比べて非常に独特なところがいくつかあるので，誤解のないようにここで明確にしておこう。

- **ノイズからデータへの変換をモデルは直接行っていない** —— 式 (4) の辺りで述べたように，モデルは 1 時刻分の逆拡散に必要なパラメータを推定しているだけであり，ノイズからデータへの変換を直接行っているわけではない。
- **同じ学習済みモデルに対してさまざまな生成手法が使える** —— 前項で，もし式 (4) に従ってデータを生成するのであれば，モデルはノイズ推定を行うように学習することになるということがわかったが，実は逆はこの限りではない。つまり，ノイズ推定を行うように学習したモデルを使って逆拡散を行う方法は，前項で紹介した方法以外にも存在する[22]。詳しくは 4.2 項で紹介する。
- **同じノイズから始めても常に同じデータに（一般的には）なるわけではない** —— 1 時刻分の逆拡散は式 (4) で示した正規分布からのランダムなサンプリングで実現されるため，同じ x_T から生成を開始しても，同じ x_0 に

22) 最適化の話でたとえると，GAN や VAE は与えられた問題（＝潜在変数）を解く「解の公式」なので，問題に対応する解（＝生成データ）を得るには獲得した公式をそのまま使うしかないが，拡散モデルは「勾配推定」を獲得しようとしているので，解を得るために使う勾配法に選択の余地がある。

たどり着くとは限らない。ただし，4.2 項で紹介する DDIM [22] や ODE ベースサンプラー [23, 24, 25, 26] といった特殊な生成方法を採用することで，このランダム性を排除することは可能である。

2.4　拡散モデルのバリエーション

DDPM は拡散モデルの最も基本的な一形態だが，基本的な設定のところに重要なバリエーションがいくつか存在するので紹介しよう。

ノイズ付加の定義

DDPM では式 (1) に示したように，拡散過程において 1 つ前の時刻のデータを少し減衰させてからノイズを足し合わせていたが，このような減衰を行わずに単純にノイズを足すという拡散過程を定義することもできる。前者の設定は分散保存型（variance preserving; VP），後者は分散爆発型（variance exploding; VE）[23] と呼ばれており，VE の場合でも DDPM のときと同様に 2 乗損失に基づく学習[24] を導出することができる [27, 28]。また，どちらかの設定で学習したモデルを，もう片方の設定で学習したモデルと見なして利用することも，基本的には可能[25] である。

[23] $q(x_T)$ の分散が非常に大きくなるため。

[24] 時刻ごとの係数は異なる。

[25] この変換は文献 [29] の付録 B が詳しい。

ノイズスケジュールと時刻の定義

拡散過程におけるノイズ付加のスケジュール[26] を事前に決める必要があるが，今のところ β_t を t に対する線形関数 [2]，あるいは $\sqrt{\bar{\alpha}_t}$ を t に対する cos 関数 [30] で決めている例が多い[27]。

[26] β_t あるいは $\bar{\alpha}_t$。

[27] 後者は比較的「ゆっくりと」ノイズが載っていき，逆からたどりやすくするように設計されている。

$$[\text{線形関数}]\ \beta_t = \beta_{\min} + (\beta_{\max} - \beta_{\min})\frac{t-1}{T-1} \tag{18}$$

$$[\cos\ \text{関数}]\ \bar{\alpha}_t = \frac{f(t)}{f(0)}, \quad f(t) = \cos\left(\frac{t/T+s}{1+s}\cdot\frac{\pi}{2}\right)^2 \tag{19}$$

ただし，$\beta_{\min}, \beta_{\max}, s$ [28] はハイパーパラメータである。これらの方法ではノイズスケジュールが学習時に固定されるが，これ自体も拡散モデルと同時に学習させる試みもある [31, 32]。

[28] 文献 [30] では，時刻 0 のノイズ強度 $\sqrt{\beta_0}$ が画素値の量子化幅と同程度になるように，$s = 0.008$ と設定している。$\beta_{\min}$ と $\beta_{\max}$ については式 (1) 直後で述べたとおり。

ちなみに，DDPM における時刻は拡散過程におけるノイズ付加の回数を示しているだけなので，ノイズを推定したいモデルにとっては，時刻の絶対値よりもその時刻において付加されているはずのノイズの強度（言い換えれば，x_t の SN 比[29]）のほうが本質的で重要な情報である。拡散過程において SN 比は時間に対して単調に減少するため，時刻 t と SN 比は互いに変換可能な概念であり，生成を高速化するために時刻を再定義したい場合 [24, 25]（詳しくは 4.2 項で述

[29] DDPM では $\frac{\bar{\alpha}_t}{1-\bar{\alpha}_t}$。画像の品質評価の場合と同じで，対数をとって使うことも多い。

べる）やノイズスケジュール自体の最適化 [31] などで，この変換が重要になる場面がある。

モデルの推定対象

式 (11) の辺りで述べたように，モデルを使って最終的に推定したいものは $\tilde{\mu}_t$ である。DDPM の論文では，$\tilde{\mu}_t$ をモデルで直接推定する方法や，x_0 をモデルで推定し，式 (10) を使って $\tilde{\mu}_t$ を算出する方法も実験で検証しており，結果的に ϵ を推定する方法の性能が最も良かったと報告している。しかし，後の研究 [33] において，場合によっては x_0 を推定するほうが性能が高くなる現象が報告されており，x_0 と ϵ を両方推定してうまく組み合わせる手法 [34, 33] や，時刻に応じた重みを付けて両者を足し合わせたものを推定対象にする方法 [34, 26] などが提案されている。また，DDPM では固定していた Σ_θ を μ_θ と同時にモデルで推定する手法も提案されており，これについては 4.2 項の「デノイズ処理の最適化」で紹介する。

損失の重み付けと時刻の重点サンプリング

DDPM では，式 (13) において，損失関数を単純化するために，時刻ごとの 2 乗損失にかかっている係数をすべて無視していた。当然ながら，これらの係数を無視せず適切に設定することで，負の対数尤度を最小化するという理論的な正当性を伴った学習を行うことができる [31, 28]。一方で，拡散モデルは $t = T$ に近い時刻では画像の大局的な構造を生成し，$t = 0$ に近い時刻では細かいテクスチャを生成しているという実験的な観察 [35, 36] に基づき，時刻によって異なる重み付けを導入する[30] ことで生成画像の視覚的な品質の向上を目指した研究 [35] もある。また，損失の係数ではなく，損失計算時の時刻を一様分布でのサンプリングから重点サンプリングに変更することで，同様の品質向上 [26] や学習の安定化 [30, 31, 38] を図る研究もある。

[30] そもそも時刻によって役割が違うのだから，別のモデルを学習しようというアプローチもある [36, 37]。

3 拡散モデルを使った条件付き生成

拡散モデルの基本を押さえることができたので，次に，CV 分野における拡散モデルの応用を見てみよう。2.2 項で導出した拡散モデルでは，学習データと同じ分布から画像をランダムに生成することのみを考えて定式化を行っていたが，画像生成を実用する場面を考えると，まったくランダムに生成するよりは，ユーザーの意図を反映して特定の条件を満たす画像を生成できるほうが役立ちそうである。そこで本節では，拡散モデルを使って条件付き生成を行う方法を主に紹介する。まずは，条件付き生成をそもそも学習しておくアプローチをとる場合のモデルの拡張方法を，条件の種類ごとに簡単に述べる。その後，学習していない条件であっても，データ生成処理を工夫することで条件付き生成を可能にする拡散モデル特有のアプローチについて解説する。最後に，2 次元画像以外のドメインへの展開を簡単に紹介する。

3.1 条件付き生成を行う拡散モデルへの拡張

与えられた条件情報を反映したデータ生成ができるように，モデルを拡張してみよう。式 (4) を思い出すと，そもそも拡散モデルは x_t を入力とし，時刻情報 t を条件として推定を行うモデルであるので，単純に所望の条件情報を時刻情報に追加してモデルに入力すればよさそうである。つまり，式 (4) を以下のように変更する。

$$p_\theta(x_{t-1}|x_t, c) = \mathcal{N}(\mu_\theta(x_t, c, t), \Sigma_\theta(x_t, c, t)) \tag{20}$$

ここで，c は条件情報である。あとは，画像と条件情報の組を学習データとして，式 (12) でモデルを学習させれば，上式を使って $p(x_0|c)$ から画像をサンプリングできる[31]。ただし，時刻情報はスカラーである一方，ここで追加したい条件情報はスカラーとは限らないので，条件情報がどのように表現されているかに応じたモデルへの適切な入力方法を設計する必要がある。ここでは，CV 分野において代表的な条件情報であるクラス情報，テキスト情報，画像情報の 3 つについて，その代表的な入力方法を簡単に紹介する（図 5）。

[31] 一見，与えた条件情報が生成画像に反映されることがまったく保証されていないように見えるが，経験的には条件情報を入力に追加するだけで条件付き生成を学習できる。

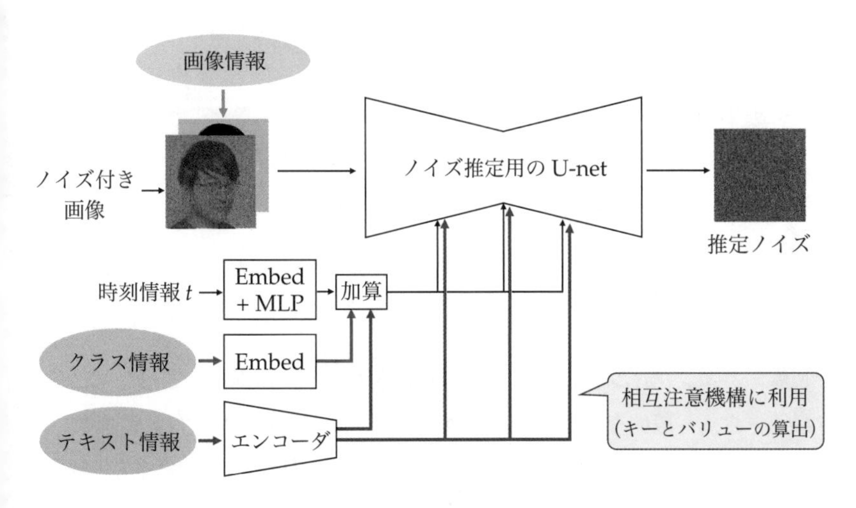

図 5 条件付き生成を行うための条件情報の入力方法

クラス条件付き生成

クラス条件は，時刻情報と合わせてモデルに入力する方法 [30] が一般的である。候補となるクラスの数を K とすると，まず K カテゴリを埋め込み層[32] で特徴ベクトルに変換し，このベクトルを時刻情報を埋め込んだベクトルに足し合わせる。その後の処理は，先に述べた時刻情報の扱いとまったく同じである。クラス情報の変換に使った埋め込み層は，U-net と同時に学習させる。

[32] PyTorch でいうところの torch.nn.embedding。

テキスト条件付き生成

テキスト情報もクラス情報と同様に，特徴ベクトルに変換してから時刻情報に足し合わせる形でモデルに入力できるが，テキストが含む複雑な意味情報を生成画像に対して細かく反映させるために，U-net の中の自己注意機構を相互注意機構に変更してテキストの特徴量をキーとバリューの計算にも使うという設計 [39, 6, 4, 5] が主流である。テキストから特徴ベクトルへの変換は，初期の研究では Transformer を用意して U-net と同時に学習するアプローチ [39] がとられたりしたが，最近では学習済みのエンコーダを固定して使う手法 [6, 4, 5] が多い。よく見られるのは CLIP [40] のテキストエンコーダを使った手法 [6] で，DALL·E 2 [4] では，さらにテキストエンコーダで抽出した特徴を画像エンコーダで抽出した特徴と見なせるようにするための変換を介することで，意味情報のより正確な反映を図っている。また，言語のみで学習された大規模モデルで特徴を抽出するほうがテキストの意味を正確に反映できるといった報告 [5] もあり，最近では両者を組み合わせて使う試み [37] も見られる。

上述の例は，与えられたテキストに沿った画像を生成することを前提としているため，画像とそのキャプションのペアを学習データとして利用する。一方，画像の編集指示をテキストとして受け取り，参照画像を編集して出力する研究 [41, 42] もあり，この場合は専用の学習データ（編集指示テキストと編集前後の画像）をテンプレート [41] や大規模言語モデル [42] などを用いてうまく用意する必要がある。

画像条件付き生成

超解像やインペインティングといった画像処理や，スタイル変換などに代表されるさらに一般的な画像変換を拡散モデルで実現するためには，元画像[33] を条件としてモデルに入力する必要がある。そもそも拡散モデルはノイズ付き画像を入力とするモデルであるため，一番単純には（画像サイズを合わせてから）ノイズ付き画像に対してチャンネル方向に連結して入力すればよく，おそらく現状この方法が最も一般的である。たとえば超解像の場合 [43] では，低解像度の元画像を適当に拡大したものをノイズ付きの高解像度画像に連結してモデル

[33] ここでいう元画像は，生成画像と空間的な対応をもっている情報という意味であって，RGB 画像でもよいし，インペインティング用のマスクやセマンティックセグメンテーションマップなどでもよい。

に入力する。インペインティングの場合は，生成領域を指定するマスクとそのマスクを適用した画像のペアを連結する方法 [39, 6] や，マスクを適用した画像のみを連結する方法 [44] などがある。ノイズ付き画像への連結以外の方法としては，CLIP の画像エンコーダで抽出した特徴をテキスト情報と同様に入力する方法 [37, 45] や，時刻情報を反映したあとの特徴量をチャンネルごとにスケーリングするために使う方法 [46] などがある[34]。

[34] これらの方法では，元画像が空間方向に潰されてからモデルに入力されるため，元画像と空間的な位置関係を厳密に保ちながら生成したいときよりも，元画像の意味的な情報や属性情報などを反映したい場合に用いることが多い [46]。

3.2 学習済みモデルの活用

前項で紹介した方法は，そもそも条件付き生成を行うモデルを学習させておこうというアプローチであったが，実は拡散モデルでは「陽に学習していない条件付き生成」も生成方法をうまく工夫することによって実現できる。こちらのアプローチは，条件ごとにモデルを学習させ直す必要がなく，単一のモデルをさまざまな条件付き生成で使い回すことができるというメリットがある。本項では，ガイダンス（guidance）と呼ばれる方法と，参照画像や等式制約を使って逆拡散を制御する方法，さらに少数データを使った追加学習を許すことで高い編集自由度や新しいコンセプトを獲得する方法を紹介する。

クラス識別モデルによるガイダンス（classifier guidance; C-guide）

C-guide [27, 3][35] は，逆拡散時の各時刻において「所望のクラスっぽい画像になるように少しだけ画像をずらす」ことによってクラス条件付き生成を実現する方法である（図 6 (a)）。ずらす方向を適切に決めるために，まず所望のクラスのノイズ付き画像を識別できるモデル $p_\phi(y|x)$[36] を事前に用意しておく。このモデルを用いて，各時刻におけるノイズの推定結果を以下のようにずらす。

[35] 基本的なアイデアは [27] で提案され，[3] で C-guide として手法が確立した。後者では厳密には 2 種類のずらし方が提案されているが，本稿では推定ノイズをずらす方法のみを紹介する。

[36] 正確には，識別するだけではなくクラス事後確率が出力できるモデルが必要なのだが，たいていの DNN ベースのクラス識別器は最終層がソフトマックス層になっているので，その出力を事後確率だと信じて利用できる。

$$\hat{\epsilon}_{\theta,\phi}(x_t, y, t) = \epsilon_\theta(x_t, t) - s\sqrt{1-\bar{\alpha}_t}\nabla_{x_t}\log p_\phi(y|x_t) \tag{21}$$

ただし，s（$s > 0$）はハイパーパラメータで，大きい値を用いるほど所望のクラスにおける典型的な画像を生成しやすくなる。右辺の第 2 項にある識別モデルの入力に対する勾配は，DNN の学習で一般的に用いられている逆伝搬処理によって計算可能である。

C-guide は大雑把にいえば，クラス識別モデルがデータを所望のクラスと判定するように x_t をずらしている[37] のだが，具体的にどんな理論的背景があるのかを少しだけ詳しく見ておこう。前提として，拡散モデルが推定している ϵ_θ は，以下のような量と対応している [27]。

[37] このあと，推定ノイズを x_t から引き算するので，式 (21) の右辺第 2 項の係数は正になり，$p(y|x_t)$ が大きくなる方向に x_t をずらすことになる。

$$\epsilon_\theta(x_t, t) = -\sqrt{1-\bar{\alpha}_t}\nabla_{x_t}\log p_\theta(x_t) \tag{22}$$

これを式 (21) に代入すると，以下を得る。

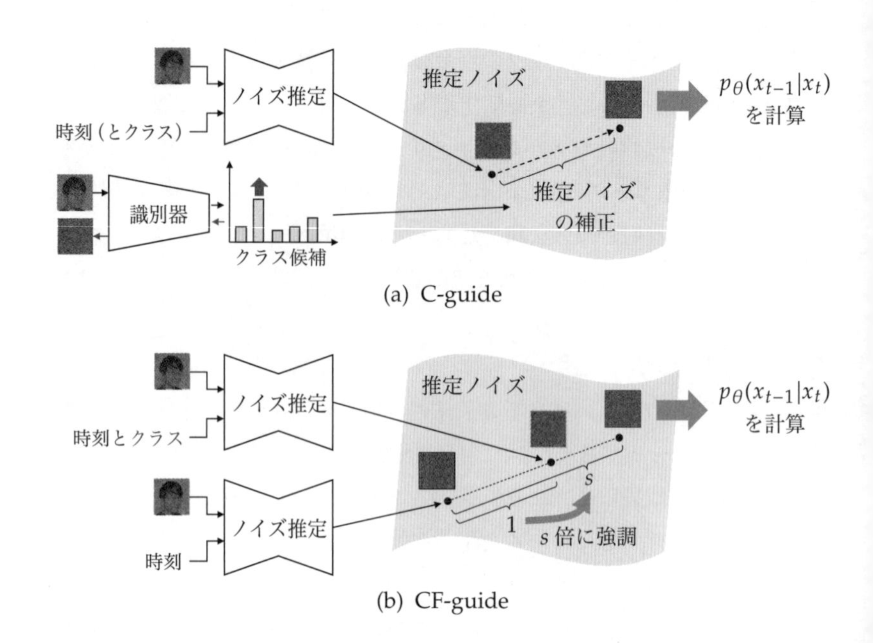

図 6　C-guide と CF-guide の概要

$$\hat{\epsilon}_{\theta,\phi}(x_t, y, t) = -\sqrt{1-\bar{\alpha}_t}\nabla_{x_t} \log\left(p_\theta(x_t)p_\phi(y|x_t)^s\right) \tag{23}$$

もしここで $s=1$ であれば，対数の中身は $p(x_t|y)$ [38] となり，式 (22) と見比べるとまさに条件付き生成への拡張が行われている形となる。$s>1$ の場合，$p(y|x_t)$ が相対的に大きいところがさらに強調され，所望のクラスとしての尤度が高い（つまり典型的な）データが生成されるようになるが，逆に多様な画像を生成しにくくなる。C-guide は，条件なしで学習した拡散モデルでクラス条件付きの生成を行うために利用できるが，クラス条件付きで学習したモデルに対しても適用することが可能で，適切な強さで使うことで生成画像の品質が向上する [39] ことが知られている [3]。

[38] $p(x_t, y)$ となるが，あとで x_t で微分するので $p(x_t|y)$ と思ってよい。

[39] GAN でいうと，truncation trick [47, 13] に似た効果である。

上述ではクラス条件付き生成を考えていたが，クラス識別モデルの出力ではなく他の指標を用いることで，クラス条件以外にも拡張可能である。たとえば，CLIP 特徴空間上でのテキストとの類似度を用いてテキスト条件付き生成を実現したり [48, 49]，参照画像との類似度を用いることで画像変換・編集を実現したり [48, 50, 51]，より一般的な条件付き生成に拡張したり [52] する例がある。このような拡張に応じて 2 種類以上のガイダンスを併用する例 [50, 48, 42, 51] も増えており，複数のガイダンス間における強度 s のバランスをサンプルごとに自動的に調整する方法 [50] も提案されている。

クラス識別モデルが不要なガイダンス（classifier-free guidance; CF-guide）

C-guide は事前にノイズ付き画像で学習したクラス識別モデルが必要となるため，このようなモデルが不要な手法として CF-guide [53] が提案された（図 6 (b)）。CF-guide では，そもそもクラス条件付き生成を行うモデル $\epsilon_\theta(x_t, y, t)$ を前提として，さらに学習中に一定の確率でクラス条件を入力しないこと[40)]によって，条件なしでもノイズ推定ができるようにしておく。このように学習したモデルを用いて，各時刻におけるノイズ推定結果を以下のようにずらす。

40) 具体的には，一定の確率でクラス条件を埋め込んだベクトルの全要素を 0 にする。

$$\hat{\epsilon}_\theta(x_t, y, t) = \epsilon_\theta(x_t, y, t) - s\left(\epsilon_\theta(x_t, \varnothing, t) - \epsilon_\theta(x_t, y, t)\right) \tag{24}$$

$$= (1 + s)\epsilon_\theta(x_t, y, t) - s\epsilon_\theta(x_t, \varnothing, t) \tag{25}$$

ただし，$\varnothing$ はクラス条件をモデルに入力しないことを示す。C-guide と見比べると，式 (21) 右辺の第 2 項でクラス識別モデルの入力に対する勾配を使っていた部分が，式 (24) 右辺の第 2 項では「クラス y であることを考慮するかしないかで生じる推定ノイズの変化量」に替わっていることがわかる。これは，式 (22) から以下が成り立つためである。

$$\begin{aligned}\epsilon_\theta(x_t, \varnothing, t) - \epsilon_\theta(x_t, y, t) &= -\sqrt{1-\bar{\alpha}_t}\left(\nabla_{x_t}\log p(x_t) - \nabla_{x_t}\log p(x_t, y)\right)\\ &= \sqrt{1-\bar{\alpha}_t}\nabla_{x_t}\log p(y|x_t)\end{aligned} \tag{26}$$

したがって，CF-guide は C-guide と本質的に同じことを実現している[41)]。ただし，クラス識別モデルを利用しない代わりに，モデルによるノイズ推定が 2 回必要になり，計算コストが高くなるという点に注意しよう。

41) 条件付き生成を学習しているのに，なぜ CF-guide が必要なのか疑問に思われるかもしれないが，先に述べたように，条件への忠実度と生成画像の多様性とのトレードオフを調整できるため，その目的で用いられることが多い。

C-guide と同様，CF-guide も原理的にはクラス条件以外にも素直に適用できる。特にテキスト条件付き画像生成の応用において多用されており，興味深い活用として，ネガティブプロンプト（negative prompt）と呼ばれる方法が知られている[42)]。これは，生成してほしくないものをテキストで指定できる方法であり，原理としては CF-guide において $\varnothing$ となっていたところに，そのようなテキストを入力することで実現する。

42) 筆者が調べた範囲では，公式の文献は見つからなかったが，特にテキストからの画像生成において近年非常に広く用いられている技術なので，紹介しておく。

参照画像を用いた逆拡散の制御

前述のガイダンスはクラス条件やテキスト条件において多く用いられるのに対し，画像変換のように参照画像を条件として画像を生成するタイプのタスクにおいては，条件情報が画像であることをうまく利用して逆拡散処理を制御するアプローチが提案されている。

最もシンプルな方法である SDEdit [54] や CCDF [55] では，時刻 t_0 に相当する適当なノイズを参照画像に付加し，これを x_{t_0} と見なして時刻 t_0 から逆拡散

[43] CCDF のほうでは，参照画像から乖離させない工夫も行っている。

処理を行う[43] ことで，参照画像に対応する画像を生成する。たとえば，拡散モデルを高解像度の実画像で学習しておけば，低解像度画像やスケッチ画像を参照画像とすることで，超解像やスケッチ画像から実画像へのドメイン変換を実現できる（図 7 (a)）。

また，このようなアプローチを条件付き生成モデルに適用すると，参照画像をもとにしつつ指定した条件に沿った画像を生成するという画像変換・編集が可能となる [48, 56, 57, 49]。先ほどの例では特定の時刻までのデータをすべて

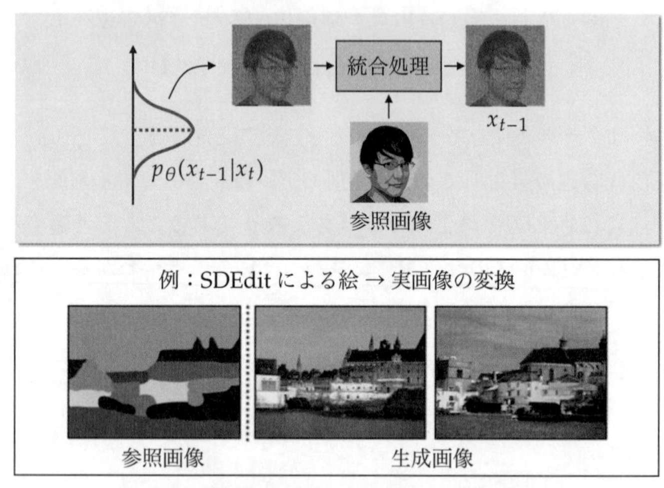

(a) 参照画像を用いた逆拡散の制御

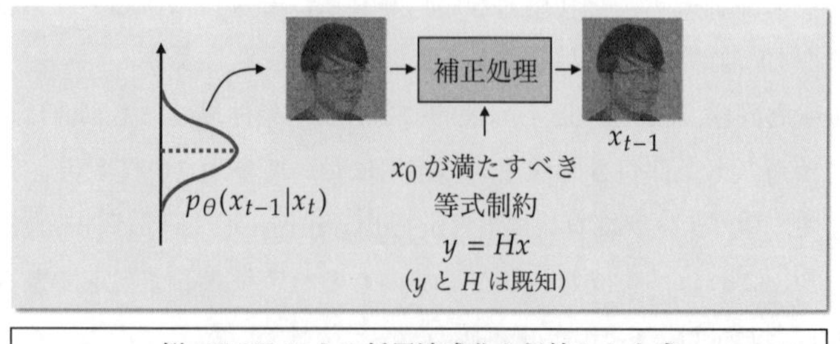

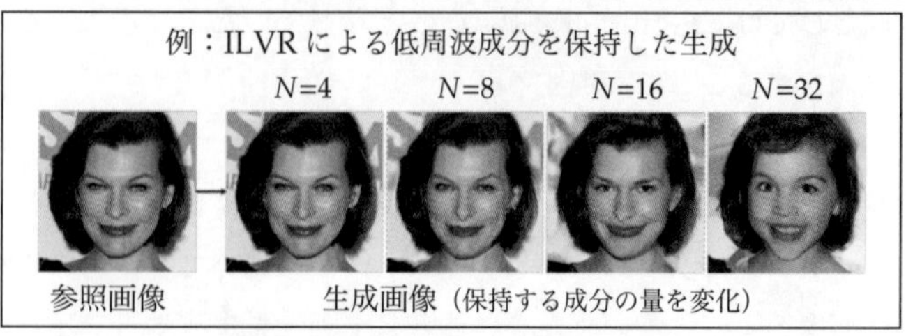

(b) 等式制約を用いた逆拡散の制御

図 7　参照画像や等式制約を用いた逆拡散の制御（実験結果画像は，図 (a) は文献 [54]，図 (b) は文献 [59] からそれぞれ引用）

参照画像の情報に差し替えていたが，指示への忠実度が高い編集を実現するためには，参照画像（から作ったノイズ付き画像）の情報と，条件を考慮した逆拡散後の x_{t-1} の情報との統合を各時刻においてうまく行う必要がある。たとえば，時刻に応じて線形に混合する方法 [57]，空間的に分担する領域を分ける方法 [48, 56]，参照画像で計算したアテンションマップで差し替える方法 [58]，参照画像から作った $y_{0:T}$ で決めた ϵ を使って x_t の逆拡散を行う方法 [49] などが提案されている。

等式制約を用いた逆拡散の制御

CV 応用においては，等式制約を厳密に満たすように画像を生成したい場合がある。たとえば，画像の超解像を考えると，高解像度化した画像を低解像度に戻したときに元の画像と一致する必要があり，この条件は，生成する高解像度画像に対する等式制約という形で表現できる。この場合も，先ほどのガイダンスと似たような戦略で条件付き生成を行うことが可能であり，図 7 (b) に示すように，各時刻においてデータを補正して制約を満たせばよい [59, 60, 55, 61, 29]。たとえば ILVR [59] では，与えられた参照画像 y と同じ低周波成分をもつ画像 x_0 を生成する[44] ために，通常の逆拡散処理で得られた x_{t-1} に対して以下のような補正を行っている。

$$x_{t-1} \leftarrow x_{t-1} - \psi(x_{t-1}) + \psi\left(\sqrt{\bar{\alpha}_{t-1}}y + \sqrt{1 - \bar{\alpha}_{t-1}}\epsilon\right) \tag{27}$$

ただし，ψ は画像の低周波成分を抽出する処理[45] である。上式の補正は，各時刻で低周波成分を参照画像のもので完全に置き換えるため，生成画像は必ず y と同じ低周波成分をもつ。このようなアプローチは，さらに一般の線形制約に拡張する[46] ことが可能で，それにより，さまざまな条件付き画像生成（たとえば，インペインティングや自動着色など）に用いることができる [55, 62, 60, 29]。また，各時刻の補正によって x_{t-1} が不自然なデータになってしまう[47] ことを防ぐために，ガイダンスを併用する方法も提案されている [61]。

[44] 超解像以外にも，参照画像と同じ構図をもつ画像の生成や，絵画→実画像のようなドメイン変換に使える。

[45] 具体的には，画像を適当な倍率で縮小してから元のサイズに戻す。

[46] 参照画像 y と制約条件 $y = Hx$ が与えられたもとで x を求めたいというタイプのタスク全般への拡張。

[47] 補正によって $q(x_{t-1})$ から逸脱する可能性がある。

追加学習による高い編集自由度や新しいコンセプトの獲得

本項でここまでに紹介した手法は，学習済みモデルを固定して利用する手法であったが，少数データを用いた追加学習を導入することで，画像編集のより高い自由度や新しいコンセプトを獲得するというアプローチが提案されている [63, 64, 65, 66, 67]。たとえば Textual Inversion [63] や DreamBooth [65]，Custom Diffusion [67] では，新しいコンセプトに関する少数の学習用画像（たとえば，特定の物体やキャラクターなどの画像）が与えられると，このコンセプトに新しくトークンを割り当て，そのトークンが出現するテキストをうまく扱えるようにモデルを追加学習させる。このときに用いられる損失関数は，基本的には拡散モデルの学習で用いられているものがベースとなる。Textual Inversion では拡散モデルを固定して新しいトークンの埋め込み方だけを学習し，DreamBooth や Custom Diffusion では逆にテキストのエンコーダは固定して拡散モデル側を追加学習させる[48]。さらに，Imagic [64] や UniTune [66] では，編集対象の単一の画像が与えられたとき，この画像に特化した追加学習を行うことで，テキストを用いた自由度の高い画像編集を実現している。UniTune は DreamBooth と同様，拡散モデル側を追加学習させる一方，Imagic はテキストの埋め込みと拡散モデルの両方を少しずつ追加学習させている。

[48] Custom Diffusion は，U-net 内の相互注意機構のみを追加学習することで，学習全体を軽量化している。さらに，トークンの埋め込みの学習も併用できる。

3.3 さまざまなドメインへの拡張

ここでは 2 次元画像以外のドメインへの展開の中で，特に CV 分野において重要な，動画と 3 次元情報（点群や NeRF など）への拡張を紹介する。

動画

2 次元の RGB 画像ではデータが $H \times W \times 3$ の配列情報であったが，動画データを扱う場合は $L \times H \times W \times 3$（ただし，$L$ は動画のフレーム数）となる。フレーム数分の画像を一度に扱えるように，多くの手法では従来の U-net をベースとし，（空間方向の）従来の自己注意機構のあとにフレーム方向のアテンションを計算する時間方向の自己注意機構を追加したり [68, 69, 70, 71]，同様に従来の畳み込み層のあとに時間方向の畳み込み層を追加したり [71, 69] してモデルを拡張している[49]。このように空間方向の処理とフレーム方向の処理を別々の層で行うモデル設計を活用し，空間方向の処理を行う層を 2 次元画像で学習した U-net で初期化することで効率的に学習する方法 [71] や，フレーム方向の処理を行う層を動画データのみに適用し 2 次元画像には使わないことで，両方のデータを同時に使って効果的に学習を行う手法 [70, 69] が提案されている。

[49] 特に自己注意機構は，空間方向とフレーム方向で同時にアテンションを計算すると計算コストが高くなりすぎるため，別々に計算する設計が一般的である。

高解像度の動画を生成する場合は，低解像度・低フレームレートの動画を生成する拡散モデルと，生成した動画の空間解像度あるいは時間解像度を向上させるための拡散モデル[50] を別途用意する方法が一般的である [71, 69]。また，長い動画を生成する場合は，動画を生成するモデルを一気に学習させることが計算コストの観点で困難であり，内容の一貫性を保ちながら徐々に生成する戦略が必要となる。最も単純には，生成済みの最新の L' フレームを条件として[51] その続きを生成する，という処理を繰り返すことで徐々に長い動画を生成することができる [70]。より長い一貫性を得る方法として，時間方向に階層的にフレームを生成していく方法 [68, 69, 71] や，条件に使うフレームを適応的に選択する方法 [68] などが提案されている。

[50] 空間解像度を向上させるための拡散モデル（cascaded diffusion model）は 4.1 項で紹介する。

[51] 入力に連結し，等式制約を満たすデータ生成やガイダンスの技術を利用することが多い。

3 次元情報（点群や NeRF など）

3 次元点群は，点の位置を示す 3 次元座標値を点の数だけ並べた $3 \times N$ 次元の実数値データであり，したがって，基本的には 2 次元画像と同様に拡散モデルを定義できる。ただし，モデルは点群を扱いやすいアーキテクチャを用いることが一般的で，たとえば，点群処理に特化した PointNet やその派生手法を利用した例 [72, 73] や，Transformer を利用した例 [74] などがある。

近年では，3 次元シーンの陰関数的な表現として Neural Radiance Field（NeRF）[75][52)]が一般的に使われるようになっており，拡散モデルを利用して狙ったシーンの NeRF を生成する手法 [76, 77, 78, 79] も提案されている。NeRF では 3 次元シーンの情報が DNN のパラメータによって暗に表現されており，これを拡散モデルで直接生成することは難しいため，工夫が必要となる。たとえば GAUDI [76] は，NeRF のモデルで利用される「カメラポーズとシーンの潜在表現」を生成するための拡散モデルを学習させ，特に屋内のシーンについてランダムな生成および条件付き生成に成功している。このアプローチでは NeRF の生成に特化したモデルを学習させるのに対し，2 次元画像で学習済みの拡散モデルを利用して NeRF を生成するアプローチも提案されている。たとえば DreamFusion [78] では，NeRF モデルでランダムな視点から描画した画像にノイズを付加し，この画像がテキスト条件付き生成を行う拡散モデルでデノイズしやすくなるように（推定ノイズの誤差を小さくするように）NeRF モデルを最適化する[53)] ことで，指定したテキストに沿った NeRF を生成する。また，NeRDi [77] は類似のアプローチで，単一画像からの NeRF 生成を実現している。この手法では与えられた画像に沿う NeRF の生成に拡散モデルを利用するのに対し，このようなモデルを別の生成モデルで用意し，そのモデルに与える単一画像を拡散モデルがテキストから適切に生成することで，テキストからの NeRF 生成を実現するアプローチ [79] も提案されている。

52) 3 次元空間上の任意の点の座標値と視線方向を入力すると，その点の色と密度を出力する関数（モデル）によって 3 次元シーンの情報を表現する方法。

53) あらゆる方向から見たときの画像の自然さを，拡散モデルを利用して評価していると見なせる。

自由視点映像などの応用では，3 次元的な一貫性を保って複数の視点画像を生成するための工夫が必要となる。比較的シンプルな拡張を行った例としては，生成対象の視点情報と，別視点の画像の 2 つを条件とした条件付き生成によって一貫性を実現する手法 [80] がある。一貫性をさらに強く保つためにモデルを拡張した例としては，拡散モデル内で 3 次元的な表現を明示的に利用するもの [81] や，複数視点を扱うために U-net をマルチストリーム化したもの [82] が挙げられる。

4　生成処理の高速化

拡散モデルの欠点として，他の生成モデルと比べると生成速度が非常に遅いことが知られている[54]。これは，原理的にモデルを使ったデノイズ処理を多数繰り返す必要があり，この計算コストが非常に高い上に並列化できないためである。したがって，特に高次元のデータを扱う必要がある CV 分野において，拡散モデルによるデータ生成の高速化は，非常に重要な研究課題の 1 つとなっている。原理から単純に考えると，高速化のためのアプローチは，1 回のデノイズ処理を軽量化するか，デノイズ処理の回数を減らすかの 2 つに大別される。本節では，それぞれのアプローチについて，最近の研究例を紹介する。

[54] 何も工夫しないと数千倍というレベルで遅い。

4.1　デノイズ処理の軽量化による高速化

デノイズ処理を軽量化する最も単純なアプローチは軽量なモデルを使うことであるが，チャンネル数の多寡や注意機構の有無は性能に直結する [3] ため，なかなか削減しにくい。そこで，そもそも低次元のデータでの学習・生成で済ませる方法が提案されている。特に CV 分野でよく使われる U-net 内の注意機構は，計算コストがデータの次元数の 2 乗に比例するため，この次元数を減らすことで効果的に計算コストを削減できる。ここでは，低次元の潜在空間を利用する方法と，粗い情報から順に生成する方法を紹介する。

低次元の潜在空間を利用する方法

画像を低次元の特徴量に変換するエンコーダと，特徴量から画像を復元するデコーダがあれば，画像の代わりに低次元の特徴量で拡散モデルを構築・生成することで計算コストを抑えることができる（図 8 (a)）。このアプローチは早くから取り組まれており [38, 83]，条件付き生成への適用 [84] も試みられていたが，非常に高品質な画像生成が可能であることを最初に広く世に示したのは，Stable Diffusion の基盤ともなっている Latent Diffusion Model（LDM）[6] である。LDM では，事前に VAE や VQGAN [85] を用いてエンコーダとデコーダを用意しておき，学習データからエンコーダで抽出した特徴量を用いて拡散モデルを学習させる。生成時は，拡散モデルで特徴量を生成し，生成した特徴量からデコーダで画像を復元することによって生成画像を得る。LDM のポイントは特徴量の設計にあり，単純に特徴ベクトルに変換するのではなく，画像の縦と横を $1/n$ に圧縮する形で 3 次元配列の特徴量[55] に変換する。2 次元の空間方向を特徴量でも保っておくことが高精細な画像の生成に重要であることを，実験的に示している。低次元の潜在変数をさらにベクトル量子化し，離散的な表現にしてから用いる手法も提案されている [86, 87]。

[55] 元の RGB 画像の大きさが $H \times W \times 3$ であれば，$H/n \times W/n \times C$ の特徴量。

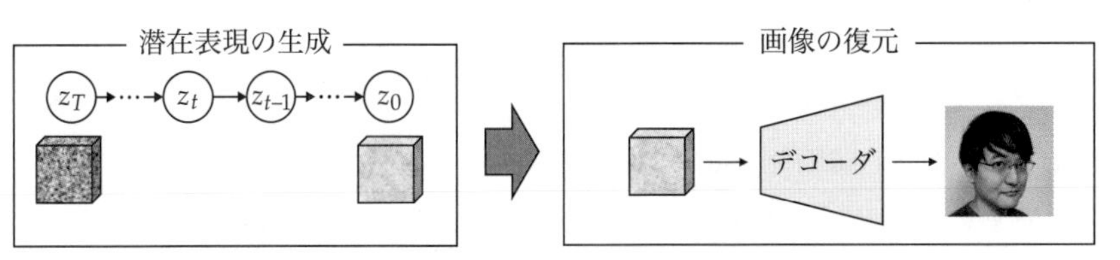

(a) 低次元の潜在表現を利用（Latent Diffusion Model）

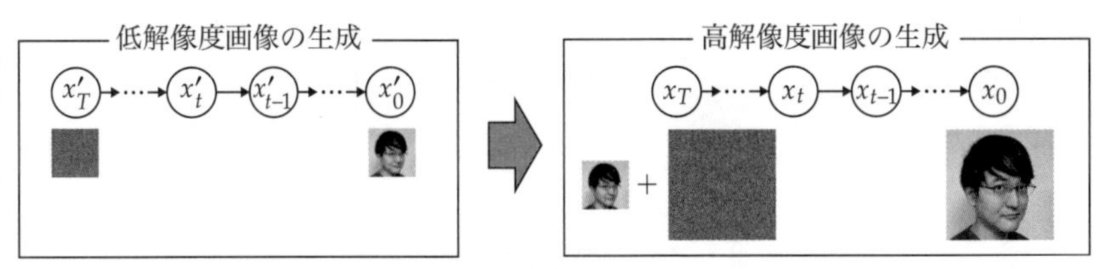

(b) 粗い情報から順に生成（Cascaded Diffusion Model）

図 8　デノイズ処理を軽量化するためのアプローチ。いずれの方法も左側は低次元であるために高速であり，右側は，図 (a) は拡散モデルではないため高速で，図 (b) は後述するリスペーシングが効きやすいために高速になる。

粗い情報から順に生成する方法

LDM と同じ理屈で，低解像度の画像は高速に生成できると期待されるため，低解像度の画像をいったん生成してから，この画像の高解像度化のみを別の拡散モデルで行うというアプローチが考えられる。Cascaded Diffusion Model（連結型拡散モデル）[88] はまさにこのアプローチをとっており，低解像度画像の生成には一般的な拡散モデルを用いる一方，高解像度化を行う拡散モデルは低解像度化した画像を条件として入力し，対応する高解像度画像を生成するように学習させておく（図 8 (b)）。構成上は高解像度画像の生成が結局必要になってしまっているが，実はこのような高解像度化を行う拡散モデルは，後述するリスペーシングによって大幅に時刻数を削減して高速化できることが経験的にわかっており[56]，トータルでは高速化できる場合が多い。

より最近の研究では，高解像度画像を直接生成する代わりにウェーブレット基底の係数を生成することで，さらにリスペーシングに頑健にできるという報告 [89] もある。また，Pyramidal DDPM（ピラミッド型 DDPM）[90] では，低解像度画像を条件として使うのではなく，拡大して適当な強さのガウシアンノイズを付加したデータを「高解像度画像の生成における途中の時刻のデータ x_t」と見なし，その時刻以降の逆拡散のみを行うことで高速に高解像度画像を生成するアプローチをとっている[57]。ここまでの手法は低解像度画像の生成と高解像化に別のモデルを使っているが，$t = T$ に近い時刻では低解像度画像に相当する成分のみを生成し，途中の時刻で全成分に切り替えて $t = 0$ まで生成することで，単一のモデルで実現する手法 [91] も提案されている。

56) たとえば DALL·E 2 [4] は，低解像度の生成には 250 ステップの逆拡散を用いるが，高解像度化には 15 ステップしか用いない。

57) ただし，元の低解像度画像に近い高解像度画像を生成するために，3.2 項で紹介した CCDF [55] を用いている。

4.2　デノイズ回数の低減による高速化

デノイズの回数を減らす方法として，まず一般に広く用いられている最も単純な方法として，時刻をスキップするリスペーシング（respacing）を紹介する。リスペーシングは，スキップする時刻を多くして高速化するほど生成画像の品質を低下させてしまう。そこで，リスペーシングによる品質の低下を抑制するための方法として，デノイズ処理の最適化，DDIM と SDE/ODE ベースサンプラー，少ない時刻数での生成に特化したモデルの学習を紹介する。

リスペーシング

リスペーシング [30] [58] は，学習時に定義した時刻のうちの一部の時刻 $\{\tau_1, \ldots, \tau_S\}$（$\tau_i \in [1, T]$）のみを用いて生成を行う方法である。逆拡散過程を思い出すと，時刻 t から $t-1$ への遷移が式 (4) で示した正規分布で表現されていて，この平均をモデルが式 (16) のように推定していた。ここではリスペーシングを行うことで，一部の時刻 $\{\tau_i\}$ のみからなる過程だったことにしたいので，基本的にはこれらの式で $(t-1, t)$ となっているところを (τ_{i-1}, τ_i) に差し替えればよい。ただし，式 (16) は時刻 $t-1$ から t の間に付加したノイズの強度を $\sqrt{\beta_t}$ と仮定して導出していたのに対し，リスペーシングを行う場合は，時刻 τ_{i-1} から τ_i までに付加したノイズをすべて足し合わせたものの強度が $\sqrt{\beta_{\tau_i}}$ となるので，以下のような β_{τ_i}（と対応する $\bar{\alpha}_{\tau_i}$）を使う必要がある。

$$\beta_{\tau_i} \leftarrow 1 - \prod_{j=\tau_{i-1}+1}^{\tau_i} \left(1 - \beta_j\right) \tag{28}$$

この変更以外は，通常の生成とまったく同じ手順でよい。

58) 論文中では特に手法の名前がつけられていないが，公式実装の中で “respacing” と呼ばれている。一般に拡散モデルの論文において，特に言及なく時刻数を変更した実験結果が載っている場合，基本的にリスペーシングを使った結果だと思ってよい。

デノイズ処理の最適化

一般に，デノイズ処理を高精度化することで，リスペーシングによる画像品質の劣化をある程度抑えることができる。改良型 DDPM（Improved DDPM）[30] では，DDPM では $\sigma_t^2\mathbf{I}$ に固定していた逆拡散過程の分散（式 (4) の Σ_θ）を，ϵ_θ と同時にモデルにより推定することで高精度化を実現している。ただし，Σ_θ の要素をすべて推定することは次元が高すぎて困難であるため，非対角成分は無視し，対角成分のみを要素ごとに β_t と $\tilde{\beta}_t$ の内挿比という形で推定[59] している。一方，Analytic-DPM [92] は，サンプルごとに分散を推定するのではなく，学習済みの拡散モデルと学習データセットを用いてそのデータセットに最適な σ_t を直接計算する。ここでの「最適」とは，全時刻の同時分布が真の同時分布に最も近づく[60] という意味であり，最適な σ_t^2 が以下のように計算できることが証明されている。

59) 分散を学習するためには，式 (11) において分散を無視しない形で損失を導出する必要がある。Improved DDPM では，そのように導出した損失と DDPM の損失を両方使って学習している（前者のみだと学習が不安定）。

60) $D_{\mathrm{KL}}(q(x_{0:T})|p_\theta(x_{0:T}))$ の最小化。

$$\sigma_t^2 = \lambda_t^2 + \left(\sqrt{\frac{1-\bar{\alpha}_t}{1-\beta_t}} - \sqrt{1-\bar{\alpha}_{t-1}-\lambda_t^2}\right)^2 \left(1 - \mathbb{E}_{x_t}\frac{\|\epsilon_\theta(x_t,t)\|^2}{d}\right) \tag{29}$$

ただし，d は x の次元数，λ_t^2 は前提とする拡散過程に依存するハイパーパラメータ[61]で，たとえば DDPM の場合は $\tilde{\beta}_t$，後述する DDIM の場合は 0 である。式中の期待値をとる部分は学習データを使って計算できるため，σ_t^2 は事前に計算しておくことができる。上式では逆拡散の分散を最適に決めているが，同じ戦略でリスペーシングに使う時刻の最適化も可能であることが示されている。また，Analytic-DPM は後に μ_θ の推定誤りを補正しつつ非等方な分散を扱う拡張 [93] が行われている。

61) 具体的には，式 (9) で登場した $q(x_{t-1}|x_t, x_0)$ の分散である。

Denoising Diffusion Implicit Model（DDIM）

DDIM [22] は，非マルコフ過程に拡張した拡散過程を用いることで決定的なデータ生成を可能にしたモデルで，大幅なリスペーシングを行っても高品質な生成を実現できることが経験的に知られている[62]。DDIM における拡散過程では，全時刻に対して x_0 による条件付けが導入されており，x_{t+1} は x_t だけではなく x_0 にも依存する。ここで，式 (9) で登場した $q(x_{t-1}|x_t, x_0)$ が以下を満たすように拡散過程を決める[63]。

62) 昨今では，ODE ベースサンプラーの一種として捉えられることも多い（後述）。

63) 逆説的に見えるが，式 (8) で示した関係によってこの事後分布を決めれば，拡散過程が決まる。

$$q(x_{t-1}|x_t, x_0) = \mathcal{N}\left(\sqrt{\bar{\alpha}_{t-1}}x_0 + \sqrt{1-\bar{\alpha}_{t-1}-\eta_t^2}\cdot\frac{x_t - \sqrt{\bar{\alpha}_t}x_0}{\sqrt{1-\bar{\alpha}_t}}, \eta_t^2\mathbf{I}\right) \tag{30}$$

ただし，η_t はハイパーパラメータである。このように決めると，実は今回の拡散過程でも式 (3) が成立し，モデルの学習で最小化すべき損失関数が DDPM と同じ形式で得られる[64]。したがって，DDPM として学習したモデルを，今回の新しい拡散過程を前提とした拡散モデルだと思って生成に使うことができる。生成時は，式 (30) に従って時刻を遡りながら x_{t-1} を順番にサンプリングするが，x_0 が事前にわからないので，このままではサンプリングできない。そこで，モデルで推定した x_0 で代用する。式 (15) で導出した x_0 の推定値 $\hat{x}_0$ を式 (30) の x_0 に代入することで，1 時刻分の逆拡散は以下のように書ける。

64) 時刻ごとの係数のみ異なる。

$$x_{t-1} = \sqrt{\bar{\alpha}_{t-1}}\left(\frac{x_t - \sqrt{1-\bar{\alpha}_t}\epsilon_\theta(x_t,t)}{\sqrt{\bar{\alpha}_t}}\right) + \sqrt{1-\bar{\alpha}_{t-1}-\eta_t^2}\epsilon_\theta(x_t,t) + \eta_t\epsilon \tag{31}$$

ここで，$\eta_t = \sqrt{\tilde{\beta}_t}$ とすると DDPM のときとまったく同じ処理になるので，上式は DDPM よりも一般的な逆拡散過程の定式化になっている[65]。一方，$\eta_t = 0$ と設定すると，第 3 項が消えて x_t に対して x_{t-1} が一意に決定するため，決定的な生成が可能となる。この設定のモデルは特に DDIM と呼ばれ，大きくリスペーシングした場合でも高品質な生成を実現できることが実験で示されている

65) 雰囲気としては，第 1 項ではモデルで予測した x_0 を適切な強さで減衰させ，第 2 項と第 3 項でノイズを足している。第 2 項は x_t に載っていたノイズ，第 3 項はランダムに決めたノイズで，両者を適当な割合で統合したものを，x_{t-1} を作るためのノイズとしている。

[22]。繰り返しになるが，DDPM として学習したモデルを DDIM として使えるので，便利さと計算の単純さから，DDIM は広く用いられている。

SDE/ODE ベースサンプラー

拡散モデルによるデータ生成は，特定の確率微分方程式（stochastic differential equation; SDE）あるいは常微分方程式（ordinal differential equation; ODE）の初期値問題[66] に相当することが知られている [27]。したがって，初期値問題を解くために提案されている高速な数値解析手法を活用することで高速なデータ生成が実現でき，このような方法を SDE/ODE ベースサンプラーと呼ぶ。DDPM を例にとると，時刻数を無限に大きくした極限[67] を考えることで，実は拡散過程に基づくデータ崩壊と逆拡散過程に基づくデータ生成が，それぞれ以下の SDE の初期値問題に等しくなることを示せる [27]。

$$[\,拡散過程\,]\ \mathrm{d}x = f(t)\mathrm{d}t + g(t)\mathrm{d}w \tag{32}$$

$$[\,逆拡散過程\,]\ \mathrm{d}x = \left[f(t)x - g(t)^2 s_\theta(x,t)\right]\mathrm{d}t + g(t)\mathrm{d}\bar{w} \tag{33}$$

$$f(t) = -\frac{1}{2}\beta(t), \quad g(t) = \sqrt{\beta(t)}, \quad s_\theta(x,t) = -\frac{\epsilon_\theta(x,t)}{\sqrt{1-\bar{\alpha}(t)}} \tag{34}$$

ただし，$t \in [0,1]$ で，w と $\bar{w}$ はそれぞれ時間方向とその逆方向の標準ウィーナー過程[68] である。DDPM によるデータ生成は式 (33) の初期値問題，つまり適当に決めた x_1 に対して式 (33) に従って対応する x_0 を求める問題に相当するため，一般的に知られている初期値問題の数値解法[69] を適用することで，データ生成を行うことができる [27, 94]。ただし，SDE の数値解法を用いた方法は，高速に解くと性能が悪化しやすいことが知られており，高速化が目的の場合は次に述べる ODE の数値解法を用いることが多い。

すなわち，式 (33) の初期値問題と同じ解をもつ[70] 以下の ODE が存在することが知られており[71]，こちらを数値解法で解いてもデータを生成することができる。

$$\mathrm{d}x = \left[f(t)x - \frac{1}{2}g(t)^2 s_\theta(x,t)\right]\mathrm{d}t \tag{35}$$

上式の右辺に注目すると，ウィーナー過程による項が消えることで SDE から ODE になっており，任意の時刻における x_t の 1 次の変化量（$\mathrm{d}x/\mathrm{d}t$）が決定的に決まることがわかる。したがって，x_1 を決めると，これに対応する x_0 が一意に決定する。この性質は DDIM と同じであり，実際，この ODE を変数変換[72] してから代表的な数値解法であるオイラー法を適用すると，計算手順としては DDIM とまったく同じデータ生成のアルゴリズムが得られる [25]。

[66] この場合，微分方程式は微小な時刻変化に対するデータの微小変化を記述しており，データの生成は，この式のもとで時刻 1 のデータが与えられたときに時刻 0 のデータを推定する問題となる。

[67] $t \in \{i/T\}_{i=0}^{T}$ と定義したときの $T \to \infty$ の極限。

[68] 大雑把には，連続な空間におけるランダムウォークのような概念と思えばよい。ブラウン運動の数学的なモデルである。

[69] 基本的には「少し前（Δt）の時刻に戻ったときの x の算出」を繰り返して解く。Δt を大きくすると高速に解ける。

[70] 同じ解をもつとは「ある特定の x_1 に対応する x_0 が同じ」という意味ではなく，「任意の時刻の x_t が従う周辺分布 $p(x_t)$ が同じ」という意味である。

[71] Probability flow ODE とも呼ばれる。

[72] 時刻 t を SN 比に，また x_t を定数倍したものに，それぞれ変換する。変換後の ODE を DDIM ODE と呼ぶこともある。DDIM の ICLR2021 論文 [22] では記述が少ないが，arXiv 版（arXiv:2010.02502）を見ると，この点に関する記述が追加されている。

オイラー法は1次の変化量のみに注目した解法であるが，各時刻において さらに高次の変化量を考慮することで精度良く初期値問題を解く方法が知られており，複数時刻での1次変化量から高次の変化量を推定して利用する方法 [23, 24, 26] や，高次の変化量自体もモデルで推定する方法 [25] などが提案されている。ODE ベースの生成方法は，高速化で性能が低下しにくいというメリットがある反面，生成画像の多様性が低くなってしまう傾向がある。そこで，1時刻分の逆拡散を行った後に，少しだけランダムノイズを付加して時刻を戻す（$t \to t + \Delta t$）[73] ことによって，ODE ベースの逆拡散を採用しつつ確率的な生成を実現して多様性を改善する方法 [26] も提案されている。

73) 先に述べたように，時刻数が無限の極限を考えているので，時間は連続的（$t \in (0, 1)$）になっており，「少しだけ時刻を戻す」といった操作が可能になる。

少ない時刻数による生成に特化したモデルの学習

ここまで紹介してきた方法では，生成画像の品質を保ちつつデノイズの回数をおおよそ数十回程度まで削減することができるが，数回というレベルに到達することは原理的に難しい。これは，利用する時刻数が少ない場合には1時刻分の拡散で付加されるノイズの量が大きくなり，逆拡散過程が正規分布で表現できる（式 (4)）という仮定が成り立たなくなってしまうためである [95]。そこで，極端に時刻数を削減する場合には，少ない時刻数による生成に特化したモデルを学習させるというアプローチがとられる。

Progressive distillation [34] は，通常の拡散モデルを教師とした蒸留によって，少ない時刻数に特化した生徒モデルを学習させる（図 9）。まず，学習データに適切な大きさのノイズを載せて作った x_t に対して，教師モデルを使った

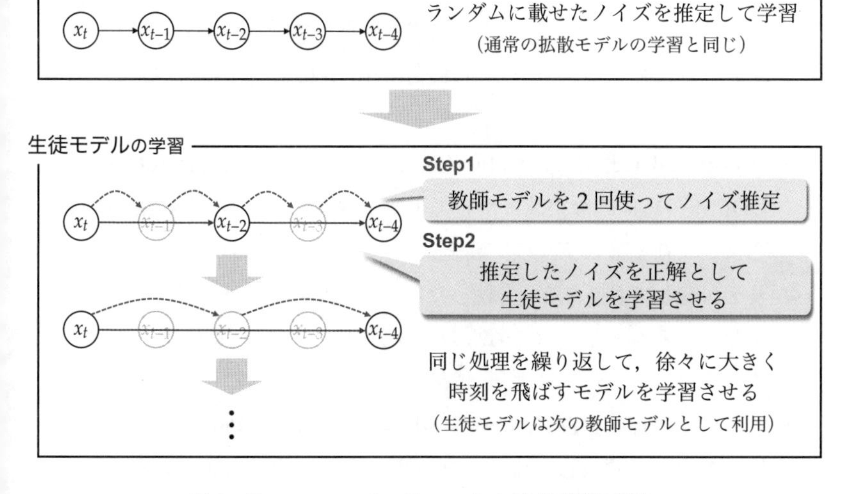

図 9　Progressive distillation における学習の流れ

DDIM によるサンプリングを 2 回行うことで，時刻 t から $t-2$ までの 2 時刻分の生成を一度の DDIM で実現するために必要なノイズを逆算する。このノイズを x_t から直接推定するように生徒モデルを学習させることで，元の教師モデルよりも時刻のスキップに頑健なモデルを得る。学習した生徒モデルを教師として同様の蒸留を繰り返すことによって，さらに時刻のスキップに頑健なモデルを構築することができる。この方法は，蒸留を繰り返すことで利用する時刻数を極端に減らせるが[74]，利用する時刻数が学習の段階で固定されてしまうことに注意する必要がある。また，逆拡散過程の前提が崩れてしまっているので，この方法で学習したモデルでガイダンスを用いるには，一工夫必要となる [96]。蒸留以外のアプローチとしては，時刻を大きく飛ばすデノイズ処理を conditional GAN で学習する方法 [95] や，少ない時刻数で生成した結果の品質が向上するようにデノイズ処理のパラメータを直接最適化する方法 [97] などがある。

[74] 最も極端な例では，時刻数が 1（つまり，純粋なノイズから直接画像を生成する）でも動作する。

おわりに

本稿では，拡散モデルに関する最新の研究動向を紹介した。基本となる DDPM に関してはできるだけ丁寧に解説し，CV 分野での応用で重要な条件付き生成への拡張と生成処理の高速化に関しては，代表的な課題とアプローチを幅広く紹介したつもりである。最後に，拡散モデルについてさらに深く知りたい読者の方々へ向けて，有用なリソースをいくつか紹介したい。

- **CVPR 2022 tutorial: “Denoising Diffusion-based Generative Modeling: Foundations and Applications”** [98] —— 拡散モデルの基本から CV 分野における各種応用まで幅広く紹介している。ウェブサイトで資料が公開されている [98] とともに，YouTube に講演の録画がアップロードされている。
- **Hugging Face blog: “The Annotated Diffusion Model”** [99] —— DDPM の具体的な実装について丁寧に解説している。Hugging Face はさまざまな拡散モデルの実装をまとめた Diffusers [100] というレポジトリを公開しており，これを使った拡散モデルのチュートリアル [101] も提供しているが，まずはこちらのブログ記事で大まかな流れをつかんでおくとよい。
- **“Understanding Diffusion Models: A Unified Perspective”** [8] —— 特に VAE との関係について，式展開も含めて非常に詳しく解説されている。この論文は特に変分拡散モデル [31] に焦点を当てているので，もっと幅広くさまざまな手法について知りたいという場合は文献 [102] が役立つ。

参考文献

[1] Jascha Sohl-Dickstein, et al. Deep unsupervised learning using nonequilibrium thermodynamics. In *ICML*, 2015.

[2] Jonathan Ho, et al. Denoising diffusion probabilistic models. In *NeurIPS*, 2020.

[3] Prafulla Dhariwal and Alexander Nichol. Diffusion models beat gans on image synthesis. In *NeurIPS*, 2021.

[4] Aditya Ramesh, et al. Hierarchical text-conditional image generation with clip latents. *arXiv preprint arXiv:2204.06125*, 2022.

[5] Chitwan Saharia, et al. Photorealistic text-to-image diffusion models with deep language understanding. In *NeurIPS*, 2022.

[6] Robin Rombach, et al. High-resolution image synthesis with latent diffusion models. In *CVPR*, 2022.

[7] William Feller. On the theory of stochastic processes, with particular reference to applications. In *Proceedings of BSMSP*, Vol. 1, pp. 403–433, 1949.

[8] Calvin Luo. Understanding diffusion models: A unified perspective. *arXiv preprint arXiv:2208.11970*, 2022.

[9] Tim Salimans, et al. PixelCNN++: Improving the pixelCNN with discretized logistic mixture likelihood and other modifications. In *ICLR*, 2017.

[10] Olaf Ronneberger, et al. U-net: Convolutional networks for biomedical image segmentation. In *MICCAI*, 2015.

[11] Yuxin Wu and Kaiming He. Group normalization. In *ECCV*, 2018.

[12] Ashish Vaswani, et al. Attention is all you need. In *NeurIPS*, 2017.

[13] Tero Karras, et al. A style-based generator architecture for generative adversarial networks. In *CVPR*, 2019.

[14] Ethan Perez, et al. FiLM: Visual reasoning with a general conditioning layer. In *AAAI*, 2018.

[15] He Cao, et al. Exploring vision transformers as diffusion learners. *arXiv preprint arXiv:2212.13771*, 2022.

[16] Shuyang Gu, et al. Vector quantized diffusion model for text-to-image synthesis. In *CVPR*, 2022.

[17] Zhicong Tang, et al. Improved vector quantized diffusion models. *arXiv preprint arXiv:2205.16007*, 2022.

[18] William Peebles and Saining Xie. Scalable diffusion models with transformers. *arXiv preprint arXiv:2212.09748*, 2022.

[19] Aaron Van Den Oord, et al. Neural discrete representation learning. In *NeurIPS*, 2017.

[20] Ian Goodfellow, et al. Generative adversarial networks. *Comm. of the ACM*, Vol. 63, No. 11, pp. 139–144, 2020.

[21] Diederik P. Kingma and Max Welling. Auto-encoding variational bayes. In *ICLR*, 2014.

[22] Jiaming Song, et al. Denoising diffusion implicit models. In *ICLR*, 2020.

[23] Luping Liu, et al. Pseudo numerical methods for diffusion models on manifolds. In *ICLR*, 2021.

[24] Cheng Lu, et al. DPM-Solver: A fast ODE solver for diffusion probabilistic model sampling in around 10 steps. In *NeurIPS*, 2022.

[25] Tim Dockhorn, et al. GENIE: Higher-order denoising diffusion solvers. In *NeurIPS*, 2022.

[26] Tero Karras, et al. Elucidating the design space of diffusion-based generative models. In *NeurIPS*, 2022.

[27] Yang Song, et al. Score-based generative modeling through stochastic differential equations. In *ICLR*, 2020.

[28] Yang Song, et al. Maximum likelihood training of score-based diffusion models. In *NeurIPS*, 2021.

[29] Bahjat Kawar, et al. Denoising diffusion restoration models. In *NeurIPS*, 2022.

[30] Alexander Quinn Nichol and Prafulla Dhariwal. Improved denoising diffusion probabilistic models. In *ICML*, 2021.

[31] Diederik Kingma, et al. Variational diffusion models. In *NeurIPS*, 2021.

[32] Qinsheng Zhang and Yongxin Chen. Diffusion normalizing flow. In *NeurIPS*, 2021.

[33] Yaniv Benny and Lior Wolf. Dynamic dual-output diffusion models. In *CVPR*, 2022.

[34] Tim Salimans and Jonathan Ho. Progressive distillation for fast sampling of diffusion models. In *ICLR*, 2021.

[35] Jooyoung Choi, et al. Perception prioritized training of diffusion models. In *CVPR*, 2022.

[36] Kamil Deja, et al. On analyzing generative and denoising capabilities of diffusion-based deep generative models. In *NeurIPS*, 2022.

[37] Yogesh Balaji, et al. eDiffi: Text-to-image diffusion models with an ensemble of expert denoisers. *arXiv preprint arXiv:2211.01324*, 2022.

[38] Arash Vahdat, et al. Score-based generative modeling in latent space. In *NeurIPS*, 2021.

[39] Alex Nichol, et al. GLIDE: Towards photorealistic image generation and editing with text-guided diffusion models. *arXiv preprint arXiv:2112.10741*, 2021.

[40] Alec Radford, et al. Learning transferable visual models from natural language supervision. In *ICML*, 2021.

[41] Omer Bar-Tal, et al. Text2LIVE: Text-driven layered image and video editing. In *ECCV*, 2022.

[42] Tim Brooks, et al. InstructPix2Pix: Learning to follow image editing instructions. *arXiv preprint arXiv:2211.09800*, 2022.

[43] Chitwan Saharia, et al. Image super-resolution via iterative refinement. *IEEE Trans. on PAMI*, 2022.

[44] Chitwan Saharia, et al. Palette: Image-to-image diffusion models. In *ACM SIG-*

GRAPH 2022 Conf. Proc., 2022.

[45] Shelly Sheynin, et al. KNN-Diffusion: Image generation via large-scale retrieval. *arXiv preprint arXiv:2204.02849*, 2022.

[46] Konpat Preechakul, et al. Diffusion autoencoders: Toward a meaningful and decodable representation. In *CVPR*, 2022.

[47] Andrew Brock, et al. Large scale GAN training for high fidelity natural image synthesis. In *ICLR*, 2019.

[48] Omri Avrahami, et al. Blended diffusion for text-driven editing of natural images. In *CVPR*, 2022.

[49] Chen Henry Wu and Fernando De la Torre. Unifying diffusion models' latent space, with applications to cycleDiffusion and guidance. *arXiv preprint arXiv:2210.05559*, 2022.

[50] Maximilian Augustin, et al. Diffusion visual counterfactual explanations. In *NeurIPS*, 2022.

[51] Min Zhao, et al. EGSDE: Unpaired image-to-image translation via energy-guided stochastic differential equations. In *NeurIPS*, 2022.

[52] Alexandros Graikos, et al. Diffusion models as plug-and-play priors. In *NeurIPS*, 2022.

[53] Jonathan Ho and Tim Salimans. Classifier-free diffusion guidance. In *NeurIPS 2021 Workshop on DGMs and Downstream Apps.*, 2021.

[54] Chenlin Meng, et al. SDEdit: Guided image synthesis and editing with stochastic differential equations. In *ICLR*, 2021.

[55] Hyungjin Chung, et al. Come-Closer-Diffuse-Faster: Accelerating conditional diffusion models for inverse problems through stochastic contraction. In *CVPR*, 2022.

[56] Guillaume Couairon, et al. DiffEdit: Diffusion-based semantic image editing with mask guidance. *arXiv preprint arXiv:2210.11427*, 2022.

[57] Jun Hao Liew, et al. MagicMix: Semantic mixing with diffusion models. *arXiv preprint arXiv:2210.16056*, 2022.

[58] Amir Hertz, et al. Prompt-to-prompt image editing with cross attention control. *arXiv preprint arXiv:2208.01626*, 2022.

[59] Jooyoung Choi, et al. ILVR: Conditioning method for denoising diffusion probabilistic models. In *ICCV*, 2021.

[60] Yang Song, et al. Solving inverse problems in medical imaging with score-based generative models. In *ICLR*, 2021.

[61] Hyungjin Chung, et al. Improving diffusion models for inverse problems using manifold constraints. In *NeurIPS*, 2022.

[62] Hyungjin Chung, et al. Diffusion posterior sampling for general noisy inverse problems. *arXiv preprint arXiv:2209.14687*, 2022.

[63] Rinon Gal, et al. An image is worth one word: Personalizing text-to-image generation using textual inversion. *arXiv preprint arXiv:2208.01618*, 2022.

[64] Bahjat Kawar, et al. Imagic: Text-based real image editing with diffusion models. *arXiv preprint arXiv:2210.09276*, 2022.

[65] Nataniel Ruiz, et al. DreamBooth: Fine tuning text-to-image diffusion models for subject-driven generation. *arXiv preprint arXiv:2208.12242*, 2022.

[66] Dani Valevski, et al. UniTune: Text-driven image editing by fine tuning an image generation model on a single image. *arXiv preprint arXiv:2210.09477*, 2022.

[67] Nupur Kumari, et al. Multi-concept customization of text-to-image diffusion. *arXiv preprint arXiv:2212.04488*, 2022.

[68] William Harvey, et al. Flexible diffusion modeling of long videos. In *NeurIPS*, 2022.

[69] Jonathan Ho, et al. Imagen video: High definition video generation with diffusion models. *arXiv preprint arXiv:2210.02303*, 2022.

[70] Jonathan Ho, et al. Video diffusion models. In *NeurIPS*, 2022.

[71] Uriel Singer, et al. Make-A-Video: Text-to-video generation without text-video data. *arXiv preprint arXiv:2209.14792*, 2022.

[72] Shitong Luo and Wei Hu. Diffusion probabilistic models for 3d point cloud generation. In *CVPR*, pp. 2837–2845, 2021.

[73] Xiaohui Zeng, et al. LION: Latent point diffusion models for 3D shape generation. In *NeurIPS*, 2022.

[74] Alex Nichol, et al. Point-E: A system for generating 3D point clouds from complex prompts. *arXiv preprint arXiv:2212.08751*, 2022.

[75] Ben Mildenhall, et al. NeRF: Representing scenes as neural radiance fields for view synthesis. *Comm. of the ACM*, Vol. 65, No. 1, pp. 99–106, 2021.

[76] Miguel Ángel Bautista, et al. GAUDI: A neural architect for immersive 3D scene generation. In *NeurIPS*, 2022.

[77] Congyue Deng, et al. NeRDi: Single-view NeRF synthesis with language-guided diffusion as general image priors. *arXiv preprint arXiv:2212.03267*, 2022.

[78] Ben Poole, et al. DreamFusion: Text-to-3d using 2d diffusion. *arXiv preprint arXiv:2209.14988*, 2022.

[79] Jiale Xu, et al. Dream3D: Zero-shot text-to-3D synthesis using 3D shape prior and text-to-image diffusion models. *arXiv preprint arXiv:2212.14704*, 2022.

[80] Daniel Watson, et al. Novel view synthesis with diffusion models. *arXiv preprint arXiv:2210.04628*, 2022.

[81] Titas Anciukevičius, et al. RenderDiffusion: Image diffusion for 3D reconstruction, inpainting and generation. *arXiv preprint arXiv:2211.09869*, 2022.

[82] Gang Li, et al. 3DDesigner: Towards photorealistic 3D object generation and editing with text-guided diffusion models. *arXiv preprint arXiv:2211.14108*, 2022.

[83] Gautam Mittal, et al. Symbolic music generation with diffusion models. In *ISMIR*, pp. 468–475, 2021.

[84] Abhishek Sinha, et al. D2C: Diffusion-decoding models for few-shot conditional generation. In *NeurIPS*, 2021.

[85] Patrick Esser, et al. Taming transformers for high-resolution image synthesis. In *CVPR*, 2021.

[86] Minghui Hu, et al. Global context with discrete diffusion in vector quantised modelling for image generation. In *CVPR*, 2022.

[87] Dominic Rampas, et al. Fast text-conditional discrete denoising on vector-quantized latent spaces. *arXiv preprint arXiv:2211.07292*, 2022.

[88] Jonathan Ho, et al. Cascaded diffusion models for high fidelity image generation. *J. Mach. Learn. Res.*, Vol. 23, pp. 47–1, 2022.

[89] Florentin Guth, et al. Wavelet score-based generative modeling. In *NeurIPS*, 2022.

[90] Dohoon Ryu and Jong Chul Ye. Pyramidal denoising diffusion probabilistic models. *arXiv preprint arXiv:2208.01864*, 2022.

[91] Bowen Jing, et al. Subspace diffusion generative models. *arXiv preprint arXiv:2205.01490*, 2022.

[92] Fan Bao, et al. Analytic-DPM: An analytic estimate of the optimal reverse variance in diffusion probabilistic models. In *ICLR*, 2021.

[93] Fan Bao, et al. Estimating the optimal covariance with imperfect mean in diffusion probabilistic models. In *ICML*, 2022.

[94] Alexia Jolicoeur-Martineau, et al. Gotta go fast when generating data with score-based models. *arXiv preprint arXiv:2105.14080*, 2021.

[95] Zhisheng Xiao, et al. Tackling the generative learning trilemma with denoising diffusion GANs. In *ICLR*, 2021.

[96] Chenlin Meng, et al. On distillation of guided diffusion models. In *NeurIPS 2022 Workshop on Score-Based Methods*, 2022.

[97] Daniel Watson, et al. Learning fast samplers for diffusion models by differentiating through sample quality. In *ICLR*, 2022.

[98] Denoising diffusion-based generative modeling: Foundations and applications. https://cvpr2022-tutorial-diffusion-models.github.io/.

[99] https://huggingface.co/blog/annotated-diffusion.

[100] Diffusers: State-of-the-art diffusion models. https://github.com/huggingface/diffusers.

[101] https://github.com/huggingface/diffusion-models-class.

[102] Ling Yang, et al. Diffusion models: A comprehensive survey of methods and applications. *arXiv preprint arXiv:2209.00796*, 2022.

いしい まさと（株式会社ソニーリサーチ）

フカヨミCLIP
おおざっぱなCLIPを目利きに育てる！

■品川政太朗

本稿では，2021年にOpenAIの研究グループによって提案されて以降，さまざまなタスクで盛んに利用されているモデル（基盤モデル），CLIPについてフカヨミします。CLIPは入力された画像とテキストの間の類似度を捉えるモデルで，画像またはテキストの特徴抽出器や画像・テキスト間の類似性の評価器として利用できます。適用できるタスクは幅広く，たとえば画像認識や物体検出，領域分割といったコンピュータビジョンの基礎的タスクから画像付きの質問応答，テキストからの画像生成といったVision and Language（V&L）のタスク，ロボットによる物体の操作などのロボティクスを指向したタスクなど，さまざまです。このCLIPにより親しみ，CLIPを使いこなすために，本稿ではCLIPの基礎と，近年の改良に伴って蓄積された知見を提供できればと思います。

1　CLIPとは何か？── その仕組みと特徴

CLIP [1] とは，大規模な画像とテキストにより対照学習を行う手法であるContrastive Language-Image Pre-trainingの略称であり，また，この手法による事前訓練済みのモデルもこの名前で呼ばれます[1)]。CLIPの目的は，画像とテキストが組になった大規模データセットを用いて，画像と言語で共有される良い表現を学習することです。つまり，対応関係にある画像とテキストをそれぞれ特徴抽出した埋め込みベクトルが，潜在空間上でできるだけ似たベクトルになるように学習することが，CLIPの目的です。似たベクトルになるほど，その潜在空間は画像と言語の良い表現を獲得できているといえます。

1) 実際のところ，CLIPは学習手法というよりもモデルとして広く認知されています。本稿でもCLIPをモデルとして扱うことがあるのでご注意ください。

1.1　CLIPの仕組み

CLIPによるモデルの学習は，**対照学習**（contrastive learning）と呼ばれる方法に基づいています。対照学習は，正例（対応関係にあるサンプルの組）と負例（対応関係にないサンプルの組）を比較して正例の組のサンプルどうしは潜在空間でより近く，負例の組のサンプルどうしは潜在空間でより遠くなるようにモデルを学習する方法です[2)]。CLIPの学習では，対応する画像とテキストの

2) 詳しくは，『コンピュータビジョン最前線Winter 2021』の「イマドキノCV」[2] を参照してください。

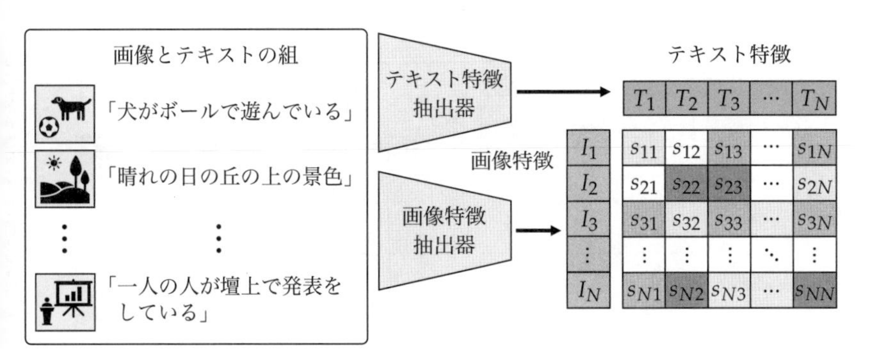

図 1　CLIP の対照学習の概略図

組のサンプル集合を正例のサンプル集合と見なし，人為的に異なるサンプルの間で画像とテキストを入れ替えて負例を作ります。

図 1 は，CLIP の訓練時の対照学習の概略図です。N 組の画像とテキストのサンプルをそれぞれ画像特徴抽出器（image encoder），テキスト特徴抽出器（text encoder）に入力すると，N 組の画像特徴 I とテキスト特徴 T の組 $(I_1, T_1), (I_2, T_2), \ldots, (I_N, T_N)$ ができます[3)]。このとき，人為的に画像とテキストの特徴を入れ替えた組も加えたすべての組み合わせを考えると，N 組の正例のほかに $N(N-1)$ 組の負例が存在します。それらの正例と負例を並べて表しているのが，図 1 の右の行列です。この行列の (i, j) 成分 s_{ij}（ただし，$i = 1, \ldots, N$; $j = 1, \ldots, N$）は，画像特徴 I_i とテキスト特徴 T_j の類似度スコアを表現しており，対角成分 $s_{11}, \ldots, s_{NN}$ が正例によるスコア，それ以外が負例によるスコアです。CLIP の類似度スコアには，式 (1) のような重み付きコサイン類似度が用いられます[4)]。

$$s_{ij} = f(I_i, T_j) = \cos(I_i, T_j) \exp(t) \tag{1}$$

ここで，$\exp(t)$ の引数 t は学習可能なパラメータです[5)]。CLIP の対照学習では，このスコアを利用して画像からテキストの多値分類，テキストから画像の多値分類の問題を解くことで対照学習を実現します。具体的には，図 2 のように，各画像特徴（テキスト特徴）を 1 つの入力として考えたときに，$T_1, \ldots, T_N$（$I_1, \ldots, I_N$）のうちどれが正例かを分類する問題と見なせるということです。つまり，正例の組の要素が 1 の one-hot ベクトル（図 2 の $y_i^{(I)}, y_j^{(T)}$）を考えると，この分類は一般的な画像分類のようにソフトマックス交差エントロピーを用いて訓練することができます。最終的に CLIP の目的関数（**対照学習損失**）は，画像ごと，テキストごとにソフトマックス交差エントロピーによる損失関数（図 2 の $\mathcal{L}_I, \mathcal{L}_T$）を計算し，その平均をとることで定式化されます（図 2 の $\mathcal{L}_{\text{total}}$）。

3) 実際の学習での N は，データセットからランダムに抽出されたミニバッチのサイズとなります。

4) 類似度の計算にコサイン類似度以外を用いることも可能です（たとえば，後述する FILIP [3] は異なる類似度スコア関数を用いています）。

5) $\exp(t)$ は逆温度パラメータに相当します。訓練時にスコアがソフトマックス関数によって正規化される際に，その出力分布（図 2 の $p_i^{(I)}, p_j^{(T)}$）をどの程度急峻にするかを制御します。大きい値になるほど分布は急峻になります。

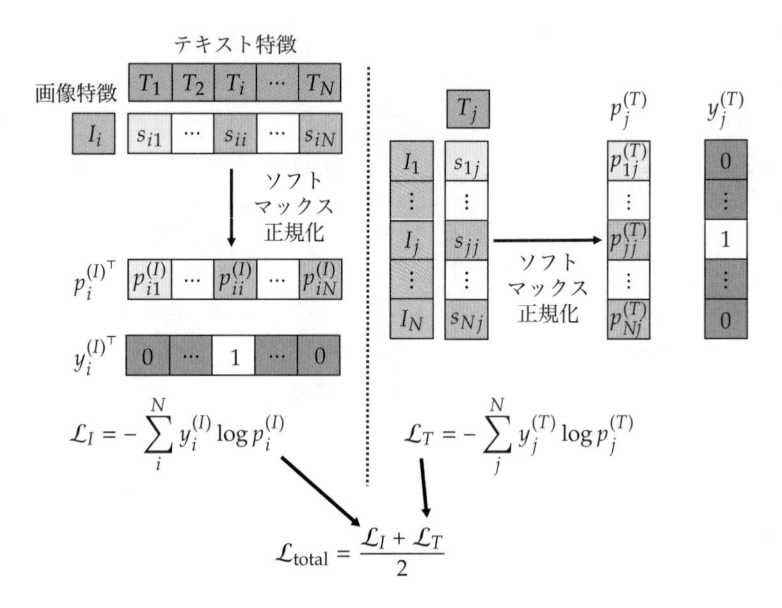

図 2　CLIP の対照学習における目的関数（対照学習損失）の計算（左図は 1 つの画像入力からテキストの多値分類，右図は 1 つのテキスト入力から画像の多値分類を表します）

1.2　CLIP の推論

CLIP の機能は，入力された画像とテキストの類似度を算出することです。画像とテキスト間の検索タスクにはそのまま利用できますが，他のタスクに用いるには工夫が必要です。たとえば，CLIP に画像分類をさせる場合だと，「これは [ラベル] の写真です」といった穴あきのテンプレートを準備しておき，この [ラベル] を分類したいラベルで置き換えた文を入力とします。たとえば，「犬」「猫」「人」を分類したいのなら，「これは犬の写真です」「これは猫の写真です」「これは人の写真です」を入力文とします。CLIP はこれらの入力文と入力画像間の類似度をそれぞれ計算して，最も画像に類似する文を選びます。この操作により，その文に対応する分類ラベルを CLIP が予測したラベルとして解釈することができます。

CLIP の仕組みで画像分類を行う最大の利点は，通常の画像分類モデルのように，推論時に分類できるラベルが学習に用いられたラベルに制限されず，自分で好きな分類クラスを選択して，分類を行える点にあります。原理的には，性能を評価したいデータセットの分類クラスが既知であれば，そのデータセットで fine-tuning をせずにラベルの推論を行うことが可能です。評価対象データセットの訓練データをまったく使用せずに性能評価を行うタスクは，特に**ゼロショット画像分類**[6] と呼ばれており，CLIP は高いゼロショット画像分類性能をもつことで話題になりました。

[6] 本来「ゼロショット」とは，犬と鳥の画像だけから馬を分類する場合のように，訓練データに目標のドメインの画像がまったく含まれないことを指すので，雑多な大量の画像で事前訓練している CLIP で「ゼロショット」と呼ぶのは奇妙にも思えます。ただし，よく使われているので本稿でもこの表現にならいます。

もちろん，画像分類だけではなく，物体検出や意味的領域分割など，他のコンピュータビジョンのタスクにも同じように応用できます。物体検出では，ゼロショット物体検出よりも**語彙制約なし物体検出**（open vocabulary object detection）という用語が使われることが増えており，2022 年頃の論文タイトルのトレンドになっています。「語彙制約なし」は，ゼロショットの問題設定以外に，少数事例のサンプルを用いる場合や単純に fine-tuning する場合も含む概念であり，「語彙制約なし」がタイトルに含まれる論文には CLIP がよく利用されています。

1.3 CLIP を構成するモデル

CLIP は 1 つの画像特徴抽出器と 1 つのテキスト特徴抽出器で構成されます。図 3 は，OpenAI 本家の CLIP 実装 [4] における 2 種類の画像特徴抽出器（**CLIP-ResNet**，**CLIP-ViT** と呼ぶことにします）とテキスト特徴抽出器（**CLIP-Transformer** と呼ぶことにします）の概略図です。CLIP-ResNet は CNN

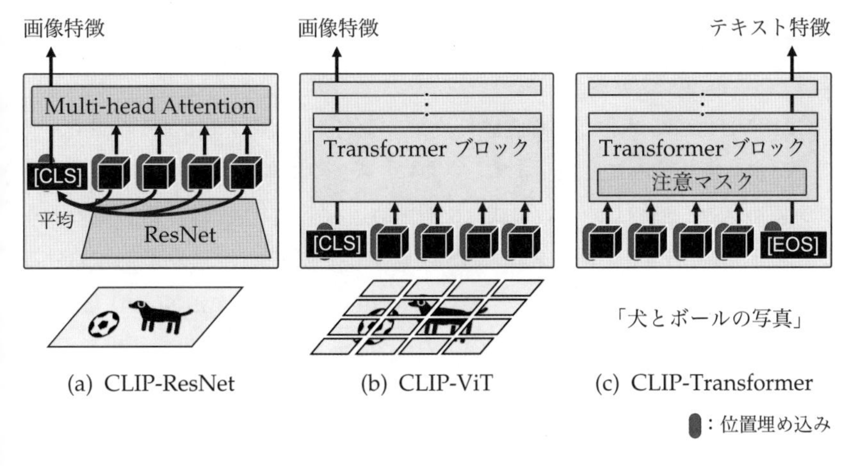

図 3　CLIP の画像特徴抽出器（CLIP-ResNet，CLIP-ViT）とテキスト特徴抽出器（CLIP-Transformer）のモデル構成

表 1　OpenAI による CLIP 公開モデル [4] の比較（RN は ResNet を表します）

モデル名	パラメータ数	出力ベクトルのサイズ	入力画像サイズ
RN50	102,007,137	1,024	224 × 224
RN101	119,688,033	512	224 × 224
RN50×4	178,300,601	640	224 × 224
RN50×16	290,979,217	768	224 × 224
RN×64	623,258,305	1,024	224 × 224
ViT-B/32	151,277,313	512	224 × 224
ViT-B/16	149,620,737	512	224 × 224
ViT-L/14	427,616,513	768	224 × 224
ViT-L/14@336px	427,944,193	768	336 × 336

(ResNet; RN) [5] ベースのモデル，CLIP-ViT は Vision Transformer (ViT) [6] ベースのモデルです。現在，表 1 のようにさまざまな規模の学習済みモデルが提供されています (2023 年 1 月時点)。想定されている入力画像サイズは ImageNet に合わせて 224 × 224 が多いですが，出力ベクトルのサイズはまちまちです。出力ベクトルは，画像側と言語側で同じサイズになります。

画像特徴抽出器（CLIP-ResNet，CLIP-ViT）

CLIP-ResNet では，入力された画像を ResNet に入力し，出力として空間方向（高さと幅）をもつ特徴マップを得ます。この特徴マップをさらに注意プーリング層と呼ばれる層で変換して固定次元の特徴ベクトルとします。具体的には，まず ResNet 出力の特徴マップを空間方向に平均したベクトル ([CLS] トークン[7]) を作ります。元の特徴マップを高さ方向と幅方向に 1 つずつ区切った特徴ベクトルもトークンとして，[CLS] トークンも含めた各トークンに，学習可能な位置埋め込みを加算します。これらのトークンを入力として Multi-head Attention [7] を行い，その出力を線形変換して固定次元の出力ベクトルを得ます。

CLIP-ViT では，入力された画像をパッチに分割し，線形層により画像パッチのトークン埋め込みに変換します。さらに，トークン埋め込みに [CLS] のトークン埋め込みを追加し，学習可能な位置埋め込みを加算します。これらのトークンを Transformer ブロックに入力して変換します。そして，最終層における [CLS] トークンの特徴ベクトルを Layer Normalization (LayerNorm) [8] と線形層によって変換して，固定次元の出力ベクトルを得ます。

テキスト特徴抽出器（CLIP-Transformer）

テキスト特徴抽出器である CLIP-Transformer には，シンプルな Transformer ブロック [7] が使われています。入力されたテキストは，Byte-Pair Encoding [9] と線形層により，サブワード[8] のトークン埋め込みに変換されます。最大系列長は 77 で，語彙サイズは 49,408 です。この埋め込みトークンは Transformer へ入力されます。この Transformer モデルの特徴は，BERT のようなエンコーダモデルと異なり，エンコーダ・デコーダモデルのデコーダのように，未来を参照しないための機構である注意マスク (Attention mask; causal mask) が入っている点です[9]。そして，最終層の特徴ベクトルで，パディングのトークン[10] も含めて最後に位置するトークンのベクトルを LayerNorm と線形層によって変換して，固定次元の出力ベクトルを得ます。

[7] ここでトークンとは，後述する Multi-head Attention や Transformer ブロックの入力の処理単位となる固定次元のベクトルを指します。

[8] 単語未満の文字列で区切られたテキストの処理単位で，未知語を減らしつつ語彙サイズを減らすことができます。たとえば「Transformer」は「Transform」と「er」に分割されます。

[9] CLIP の文献 [1] によると，他の学習済みの言語モデルで初期化したり，自己回帰により文生成を行う目的関数を取り入れる可能性を考慮したとのことで，強い動機でこのマスクが導入されたわけではないようです。

[10] パディングのトークンとは，入力テキストの長さが Transformer の系列長未満のときに系列の穴埋めをする，専用の特殊トークンを指します。

1.4 CLIP の課題

さまざまなタスクにゼロショットで使えたり，転移学習によってさらなる性能向上が見込める，いわば万能の基盤モデルとして期待されている CLIP ですが，意外に問題があることが多くの研究によって指摘されてきました。これは，物体検出や意味的領域分割といったコンピュータビジョンタスク，および画像付き質問応答（visual question answering）やエージェントへの移動指示タスク（vision and language navigation）といった V&L タスクに対しては，単純に適用しただけではあまり良い性能が得られなかったのです。ここからは，この問題に対する CLIP の改善の歩みについて焦点を当てます。

2 CLIP における転移学習

CLIP は高いゼロショット画像分類性能をもちますが，V&L や物体検出といったタスクではそう容易には性能を発揮できないことがわかっています。たとえば，画像付き質問応答をそのまま CLIP でゼロショットに行うためには，「質問：[質問文] 回答：[回答文]」のようなテンプレートを作ればよさそうですが，実際には VQA v2 のデータセットで 0.4% 程度しか解けなかったという報告があります [10]。これらのタスクでは，目的のタスクでの転移学習を考える必要があるようです。

目的のタスク（ここではデータのドメインの違いもタスクの違いに含むこととします）に特化した機械学習モデルを作る際に，まず他のタスクで事前に学習してから目的のタスクでさらに学習をして微調整することを**転移学習**と呼びます。基盤モデルである CLIP は画像とテキストの大規模なデータで事前に学習したモデルであり，画像付きの質問応答や画像・テキスト間の検索，画像認識，物体検出，意味的領域分割，テキストからの画像生成など，数多くのタスクに転移できる（転用できる）ことが期待されます。

転移学習によく用いられる最もシンプルかつ強力な方法は，元のネットワークの上にタスク専用のネットワークを重ねることです。CLIP の転移学習でも，この方法が有効です。たとえば，動画認識への応用では，CLIP の画像特徴抽出器（ViT）のパラメータを固定して，後ろに 4 層の Transformer のデコーダを接続する方法で，認識精度 87.7% を達成できたという報告があります [11]。ほかにも，CLIP のテキスト特徴抽出器の後ろに画像生成モジュールを追加することで，テキストから画像生成を行うという応用が盛んです [12, 13]。以下では，CLIP の転移学習の中でも特に示唆に富む研究として，CLIP-ViL [10] を紹介します。

CLIP-ViL による CLIP の転移学習

CLIP-ViL [10]（図 4）は，CLIP による画像特徴抽出器（ViT，ResNet）と BERT によるテキスト特徴抽出器の上に転移学習用の追加層（転移学習層）を重ねたモデルで，画像付き質問応答やエージェントの移動指示タスクなどの分類タスク[11] を解くことができます。転移学習層には Transformer ベースの Modular Co-Attention Networks（MCAN）[14] という機構が使われており，画像特徴（図中オレンジ色）とテキスト特徴（図中緑色）で自己注意（self-attention）と相互注意（cross attention; source-target attention）[12] を層ごとに繰り返すスタック型と，一度テキスト側で自己注意による変換を行ったあとで，画像特徴をクエリとしてテキスト特徴への相互注意を行うエンコーダ・デコーダ型の 2 種類があります[13]。

CLIP-ViL により得られた面白い知見は，画像付き質問応答において，CLIP の画像特徴抽出器は ViT よりも ResNet のほうが良いということです。CLIP-ViL の ViT-B/32 と ResNet50 の注視領域を Grad-CAM で可視化したところ，図 5 のように，ViT は画像全体に注意が分散しがちであるのに対し，ResNet は局所

[11] 画像付き質問応答なら回答が，またエージェントの移動指示タスクなら移動する方向が分類クラスとして与えられます。

[12] 自己注意と相互注意の詳細については『コンピュータビジョン最前線 Winter 2021』の「ニュウモン Vision and Language」[2] を参照してください。

[13] 性能はエンコーダ・デコーダ型が若干上で，CLIP-ViL でもこちらが使われているようです。

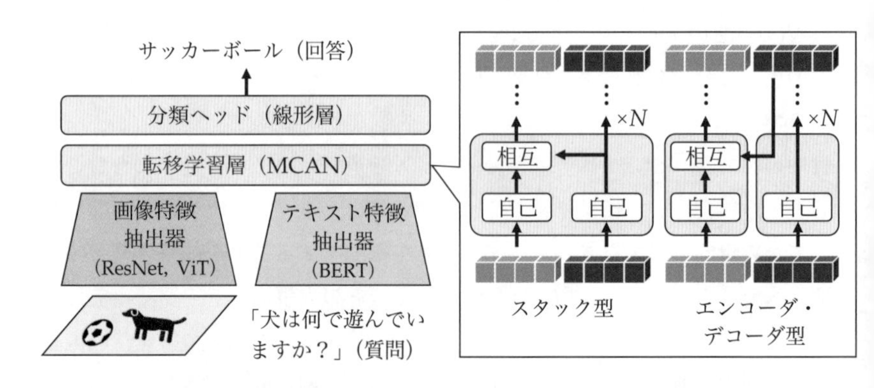

図 4　CLIP-ViL [10]（「相互」は相互注意，「自己」は自己注意を表します）

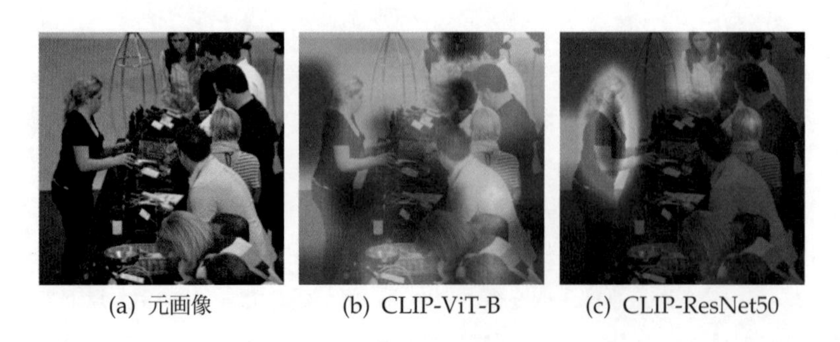

図 5　CLIP-ViL の ViT-B/32 (b) と ResNet50 (c) の注視領域の比較（図は CLIP-ViL の文献 [10] より引用）

により注意が当たる傾向にあることがわかりました。画像付き質問応答は，画像中の特定の物体や物体どうしの関係について答えるタスクであるため，物体検出能力が重要になります。しかし，CLIP の事前学習は，画像全体とテキスト間の分類問題を解くための訓練を行います。CLIP の事前学習は ViT に大域的に画像を見ることを促し，局所情報に注目する必要がある下流タスクに大きな悪影響を与えていると考えられます。一方で，ResNet は局所に注目しやすい帰納バイアスが効いており，CLIP の事前学習の影響を比較的緩和できていると考えられます。

CLIP が画像の局所情報を捉えられていないことを支持する報告は，ほかにも存在しています。たとえば Yamada ら [15] は，CLIP にレモンとナスが写っている画像に対して "In this picture, the color of the lemon is [マスク]" というテンプレートを用意し，[マスク] に red, green, yellow, orange, purple のいずれかを入れて CLIP に類似度を評価させると，purple を一番高く評価するという問題を指摘しています。これも，CLIP の事前学習が画像全体とテキストをマッチングさせる訓練をしているのが原因だと考えられます。ちなみに，Yamada らも CLIP-ViL と似たように，転移学習用の層を上に重ねるアプローチでこの問題を緩和できると報告しています。

3　CLIP の事前学習の改善

事前学習済みの CLIP をそのまま用いるのではなく，CLIP の事前学習自体を改良しようという意欲的な研究も出てきています。その多くが，前述したような，CLIP の事前学習が画像全体とテキストのマッチングの問題を解いているという粗さをなんとかしようというものです。

3.1　物体領域とテキストの疑似アラインメントによる事前学習

Region CLIP [16] は，物体領域ごとに画像・テキスト間のアラインメントを行うことで局所領域に注目できる CLIP を実現する事前学習手法です（図 6）。画像中の物体の矩形領域とその領域を表現するテキストが組になっているデータは多くないため，疑似的に作成する方法を提案している点がポイントです。まず，物体の矩形領域を訓練済みの物体検出器（Faster R-CNN [17]）により抽出し，RoIAlign [18] と呼ばれるプーリング時の工夫により矩形の位置を微調整します。テキストは，画像とテキストのデータセットから物体概念に相当する単語を抽出しておき，「[物体の単語] の写真」のようなテンプレートに当てはめた文としておきます[14)]。これらの物体矩形とテキスト間の類似度を通常の方法で事前学習した CLIP によって評価し，最も類似度の高い物体矩形とテキスト

14) 実験では複数の種類のテンプレートを用意しているようです。

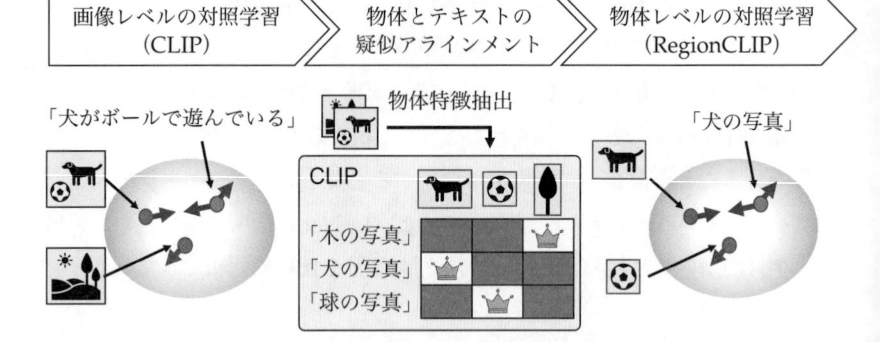

図 6　RegionCLIP の事前学習

を疑似的に物体矩形とテキストの組とし，これにより得られたサンプル集合を利用して新しい CLIP の事前学習を行います。矩形領域は物体検出器に依存してしまいますが，これにより物体検出に転移学習をしやすい CLIP を実現することができます。

3.2　画像のマスキングによるアプローチ

局所的な情報を苦手とする CLIP の事前学習の改良方法として，画像をマスクして学習する方法も有効だと報告されています。おそらく，画像をマスクすることで画像全体とテキスト間の強すぎる紐付けが緩和されるためと考えられます。このアプローチに基づく論文で評価されているタスクは，ゼロショットでの画像分類や画像・テキスト間の検索など，CLIP の事前学習に近いタスクが全体的に多く，物体検出や画像付き質問応答などではあまり評価されていない点には注意が必要です。しかし，画像分類でも，CLIP の局所的な情報を捉える能力が向上すると，性能向上が見込めると考えられます。なぜなら，画像にも前景と背景があり，背景情報がマスクされれば前景の物体と背景情報の紐付けが緩和されることが期待できるためです。今後，さまざまなタスクでの検証と応用が進むと思われます。

Fast Language-Image Pre-training（FLIP）

FLIP [19]（図 7）は，ViT による画像特徴抽出器を前提として画像をパッチ状にランダムにマスクし，そのマスク画像とテキストで対照学習する手法です。シンプルながら，元の CLIP よりも画像分類や V&L タスクで若干の性能向上が確認されています。マスクしていないパッチのみを入力とする点も特徴です。

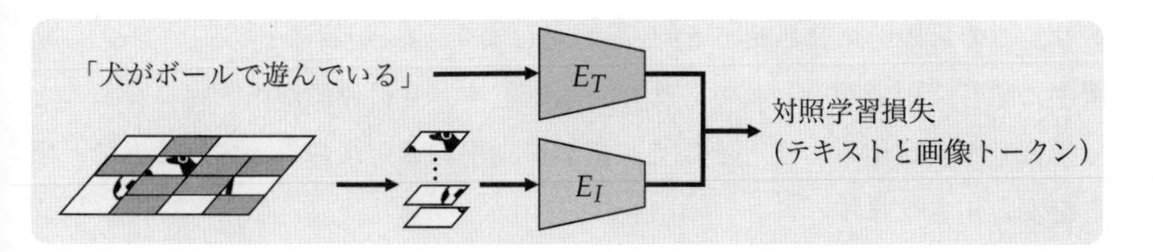

図 7　FLIP：画像マスク付き事前学習（E_T はテキスト特徴抽出器，E_I は画像特徴抽出器（ViT）を表します）

MaskCLIP

MaskCLIP [20]（図 8）は，マスク自己蒸留という方法によって CLIP を意味的領域分割に使いやすいモデルにする手法です。マスク自己蒸留は，マスクした画像の表現が元画像の表現に近くなるように画像特徴抽出器を学習させます。直感的には，部分画像から画像復元をするタスクを解いているので，パッチ間の類似性を捉えやすくなっていると思われます。マスクした画像の表現を元画像の表現に近づけるための距離尺度には，0 付近では L2 距離，0 から遠い場合は L1 距離となる性質をもった平滑化 L1 損失（smooth L1 loss）[21] が使われています。

平滑化 L1 損失を計算するとき，元画像側の特徴抽出には，画像特徴抽出器 E_I の指数移動平均モデル $\bar{E}_I$ を使います。これは元のモデル E_I のパラメータを少しずつ更新したモデルです。たとえば，E_I と $\bar{E}_I$ それぞれのパラメータを θ_{E_I} と $\theta_{\bar{E}_I}$ とすると，$\theta_{\bar{E}_I} = \alpha\theta_{E_I} + (1-\alpha)\theta_{\bar{E}_I}$（ただし，$\alpha = 0.001$）のように更新することで得られます[15]。わざわざこのように指数移動平均モデルを使う理由は，学習を安定化させるためです。$\bar{E}_I$ により得られた画像特徴は疑似的な目標値で

[15] 後述する A-CLIP [22] のように対照学習損失を使うと，自己教師あり学習手法である Bootstrap Your Own Latent (BYOL) [23] で使われている対照学習の方法に一致します。

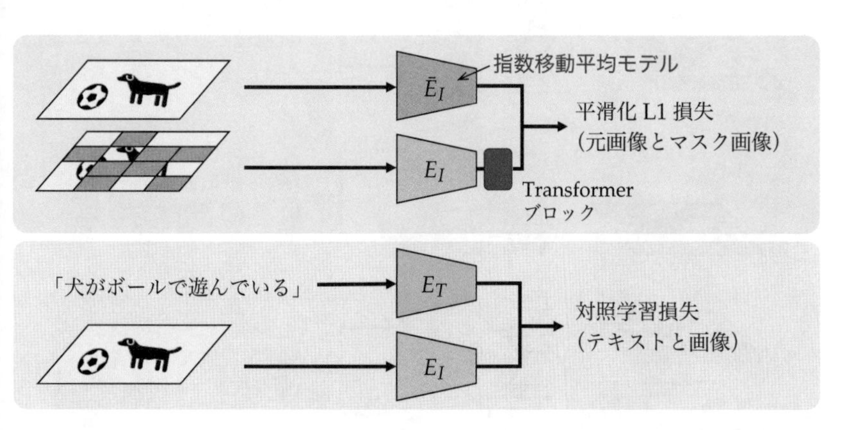

図 8　MaskCLIP：マスク処理による自己蒸留（$\bar{E}_I$ は画像特徴抽出器の指数移動平均モデルを表します）

あり，この目標値に合わせて E_I を最適化します。$\bar{E}_I$ が仮に E_I だとすると，学習中に激しく更新が行われてしまい，最適化すべき目標値が不安定になることで学習も不安定化します。そこで，指数移動平均モデルの導入することで，学習を安定化させます。

Attentive Mask CLIP（A-CLIP）

A-CLIP [22] は，FLIP や MaskCLIP における問題点として，画像トークンの大部分を無計画に削除すると，与えられたテキスト記述に関連する画像中の意味内容が不適切に削除され，誤ったアラインメント関係を学習してしまう点を指摘しています。A-CLIP では，この問題を解決する方法として，訓練時にマスク領域を戦略的に決めます（図 9）。具体的には，画像パッチトークンごとにトークンを維持するかどうかのスコア（本稿では「トークン維持スコア」と呼びます）を定義し，スコアが小さい順に全体の半数のトークンをマスクします。

トークン維持スコアの計算には，CLIP の画像特徴抽出器が ViT であることを前提として，その各層における各 Multi-head Attention モジュール [7] を使います。ある画像が入力されたときに，Multi-head Attention の各ヘッドにおける [CLS] トークンと画像パッチトークン間の正規化済み類似度（つまり注意重み）を算出し，これを各層各ヘッドで平均化したスコアを，各画像パッチトークンのトークン維持スコアとします。このように，[CLS] トークンと画像パッ

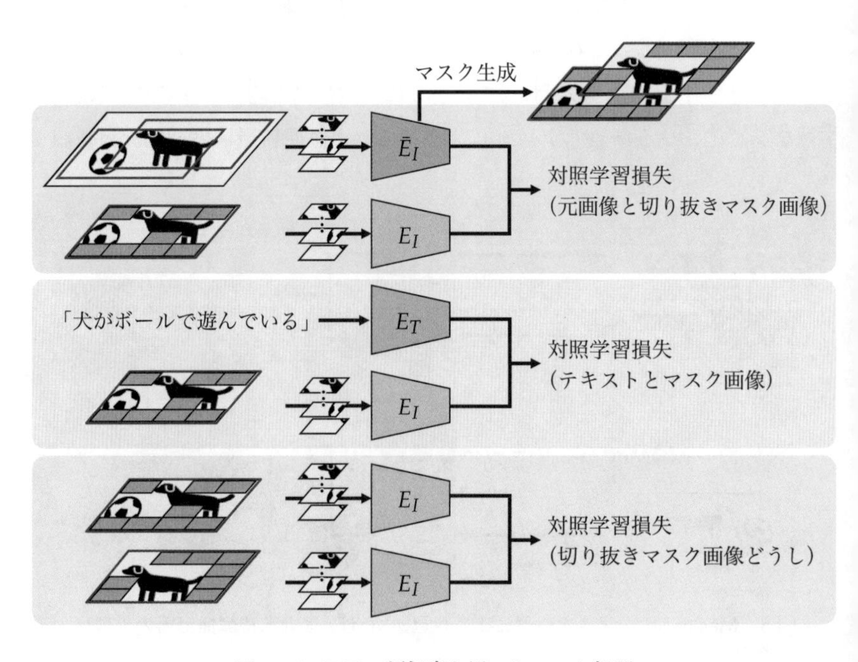

図 9　A-CLIP：類似度を用いたマスク処理

チトークン間の注意重みによりトークン維持スコアを定義する理由は，CLIP の事前学習において CLIP の ViT の [CLS] トークンはテキスト側の Transformer との間で画像とテキストの組が類似するように訓練されることから，学習が進むにつれてこの [CLS] トークンの表現がテキストの表現にしだいに類似するためです。つまり，ViT の [CLS] トークンを用いることで，間接的に画像と対応するテキストに沿った画像パッチトークンのみを残すことができます。

A-CLIP の他の特徴的な点は，マスク画像を切り抜いてからマスクを行うことと，FLIP のようにマスクしていないパッチのみを入力とすることです。目的関数は，MaskCLIP のように元画像とマスク画像の対照学習損失と，テキストとマスク画像の対照学習損失，元画像から複数回切り抜いて得られたマスク画像どうしの対照学習損失の 3 種類を組み合わせています。元画像から複数回画像を切り抜く利点は，半数のパッチをマスクすることで半減した入力パッチ数を増やせる点です。論文では，切り抜きを 2 回行って入力するほうが，1 回しか切り抜きを行わない場合よりも高性能だと報告されています。

3.3 DeFLIP：さまざまな事前学習手法の組み合わせ

Cui ら [24] は，異なる学習レシピやデータを用いて CLIP とその派生手法が比較されている問題を指摘し，公平な条件設定のもとで事前学習手法を比較し検証しています。具体的には，表 2 に示すように，CLIP のもともとの事前学習手法に加えて 5 種類の事前学習手法の組み合わせを検証しており，最終的に，すべての事前学習手法を組み合わせた **DeFLIP** が最も高性能になったと報告し

表 2　DeFLIP の事前学習手法（I：画像，T：テキスト，“′”：データ拡張）

事前学習手法	説 明	対照学習に使うデータ集合	類似度スコアの入力
CLIP	画像・テキストの組による対照学習	(I, T)	[CLS] と [EOS]
SimCLR [25]（SLIP [26]）	画像をデータ拡張して対照学習	(I, I')	[CLS] と [EOS]
マスク付き言語モデリング [27]（DeCLIP [28]）	テキストのトークンをマスクして予測	—	[CLS] と [EOS]
複数視点の事前学習 [28]（DeCLIP [28]）	画像・テキストをデータ拡張して対照学習	(I', T)，(I, T')，(I', T')	[CLS] と [EOS]
最近傍教師（DeCLIP [28]）	テキスト特徴をデータ拡張して対照学習	(I, T')	[CLS] と [EOS]
FILIP [3]	類似度スコアをトークンレベルで計算	(I, T)	[CLS] 以外

ています。以下では，それぞれの事前学習手法について順番に解説します。

1 つ目は，**SimCLR** [25] と呼ばれる事前学習手法です。この手法では，画像 I にリサイズや切り抜きなどの異なるデータ拡張を施した画像 I' で画像の組 (I, I') を作り，その組を正例として対照学習を行います。CLIP と SimCLR を組み合わせた事前学習手法である SLIP（Self-supervision meets Language-Image Pre-training）[26] には，シンプルながら，CLIP のみの事前学習よりもゼロショット画像分類性能を 5 ポイントほど向上させる効果があると報告されています。

2 つ目から 4 つ目までは，**DeCLIP**（Data efficient CLIP）[28] という論文で導入されている事前学習手法です。2 つ目はマスク付き言語モデリング（masked language modeling）[27] です。BERT [27] で使われている自己教師あり学習手法であり，テキストのトークンをランダムにマスクして，マスクしたトークンを予測して学習します。

3 つ目は，**複数視点の事前学習**（multi-view supervision）と呼ばれる事前学習手法です。この手法では，画像とテキストの両方にデータ拡張の操作を適用し，対照学習を行います。具体的には，元の画像 I とテキスト T にそれぞれデータ拡張を加えて画像 I' とテキスト T' を作成し，(I, T) のデータ集合による CLIP のもともとの対照学習のほかに，(I', T)，(I, T')，(I', T') のデータ集合による対照学習を行います[16]。

4 つ目は，**最近傍教師**（nearest-neighbor supervision）と呼ばれる事前学習手法です（図 10）。データセット間で類似したテキスト記述をより有効に利用するために，図 10 のように First-In-First-Out のキュー[17]（DeCLIP では最大 6 万 4 千サンプルを格納できるキュー）を用意しておき，入力文から得られたテキスト特徴に対してキューの中で最も似たテキスト特徴を選択し，これを元の入力文のテキスト特徴の代わりに対照学習に用いる方法です。直感的には，言い換えに近いデータ拡張効果が期待できます。

[16] DeCLIP では，画像のデータ拡張にはランダムなリサイズと切り抜き，テキストのデータ拡張には Easy Data Augmentation（EDA）[29] と呼ばれる，同義語による置換，ランダムな挿入，ランダムな位置交換，ランダムな削除を用いています。

[17] データを順番に格納していき，格納したデータがキューの容量を超えた場合は古いデータから削除するデータ構造です。

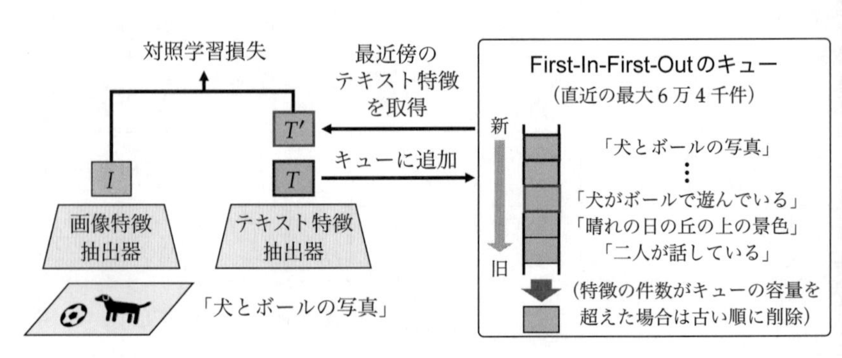

図 10　最近傍教師の概略図

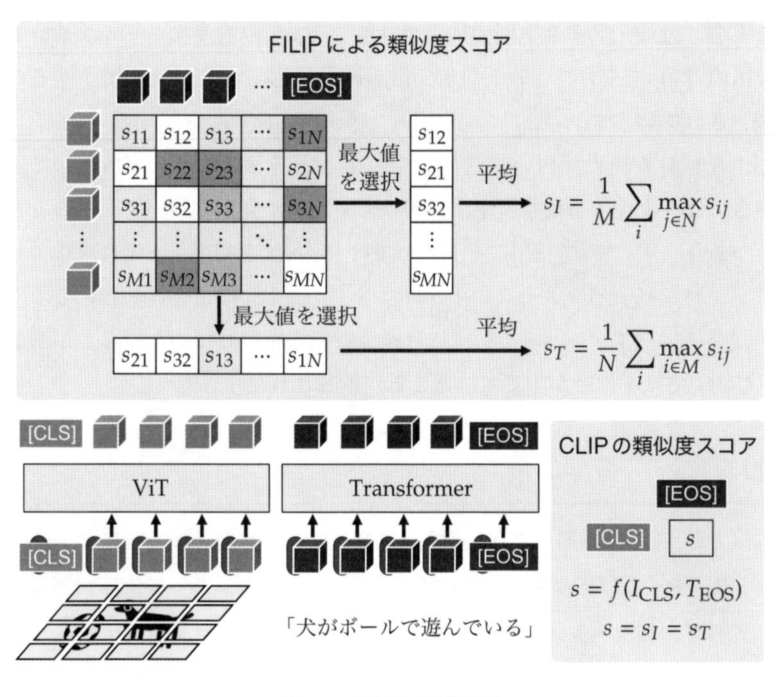

図 11　FILIP の概略図

5 つ目は，**FILIP**（Fine-grained Interactive Language-Image Pre-training）[3] と呼ばれる事前学習手法です（図 11）。FILIP では，CLIP で行われていた画像全体とテキスト全体の類似度スコア（式 (1)）ではなく，画像特徴のパッチトークンとテキストのトークン間のレベルで類似度スコアを計算することで，画像とテキスト間の類似性をより細かい粒度で捉えます。

具体的には，まず図 11 下段のように，画像特徴を ViT で，テキスト特徴を Transformer で抽出します。続いて，図 11 上段のように，ViT の（[CLS] を除いた）画像特徴の各パッチトークンとテキストの各トークンとの間でそれぞれコサイン類似度を計算します。ここで，画像（テキスト）のあるトークンから見て最もコサイン類似度の値が高いテキスト（画像）トークンをそれぞれ求めます。これらの最大値は画像とテキストでそれぞれトークンの個数だけ得られるので，画像ごと，テキストごとに最大値の平均をとることで，画像から見たテキストの類似度スコアとテキストから見た画像の類似度スコアをそれぞれ決めます[18]。最終的に，これら 2 種類の類似度スコアをもともとの CLIP の類似度スコア（図 11 下段右）の代わりに用いることで，FILIP の対照学習が実現されます。

[18] CLIP の類似度スコアとは異なり，FILIP では必ずしも両者の類似度スコアが一致するとは限りません。

この仕組みにより，画像のより局所的な情報を捉えることが可能になり，ゼロショット画像分類の性能が，CLIP に比べて +12.2 ポイントと大幅に向上したことや，画像・テキスト間の検索の性能でV&L の主要なベースラインである VinVL [30] をゼロショット設定，fine-tuning 後の設定の両方で上回ることが報告されています。

Cui ら [24] が得た面白い知見として，ResNet を画像特徴抽出器として用いる場合には，上記の事前学習手法を用いても性能が向上しないことがあるという点があります。特に，SLIP と FILIP では ResNet を利用した場合を報告しておらず，ハイパーパラメータのチューニングが難しいことや，FILIP のようなきめ細かいアラインメントを行うには画像特徴が重複していないことが望ましく，CNN では不都合が生じていることが推察されます。

おわりに

本稿では，CLIP の概要と仕組み，そして CLIP の課題と改良の近年の歩みを紹介しました。CLIP の課題に関しては，特に事前学習において画像全体とテキストを対照学習してしまっている点が，物体検出や画像付き質問応答など，画像中の局所領域に注目する必要があるタスクをゼロショットや転移学習で解く上で問題視されており，CLIP を局所領域に対しても目利きにするために，転移学習時の工夫や事前学習の改良が検討されています。このような CLIP の改良は，今後も続いていくでしょう。

参考文献

[1] Alec Radford, et al. Learning transferable visual models from natural language supervision. In *Proc. ICML*, Vol. 139, pp. 8748–8763, 2021.

[2] 井尻善久, 牛久祥孝, 片岡裕雄, 藤吉弘亘（編）. コンピュータビジョン最前線 Winter 2021. 共立出版, 2021.

[3] Lewei Yao, et al. FILIP: Fine-grained interactive language-image pre-training. In *Proc. ICLR*, 2022.

[4] https://github.com/openai/CLIP.

[5] Kaiming He, et al. Deep residual learning for image recognition. In *Proc. CVPR*, 2016.

[6] Alexey Dosovitskiy, et al. An image is worth 16×16 words: Transformers for image recognition at scale. In *Proc. ICLR*, 2021.

[7] Ashish Vaswani, et al. Attention is all you need. In *Proc. NeurIPS*, Vol. 30, 2017.

[8] Jimmy Lei Ba, et al. Layer normalization. *arXiv 1607.06450*, 2016.

[9] Rico Sennrich, et al. Neural machine translation of rare words with subword units. In *Proc. ACL*, pp. 1715–1725, 2016.

[10] Sheng Shen, et al. How much can CLIP benefit vision-and-language tasks? In *Proc. ICLR*, 2022.

[11] Ziyi Lin, et al. Frozen clip models are efficient video learners. In *Proc. ECCV*, pp. 388–404. Springer, 2022.

[12] Aditya Ramesh, et al. Hierarchical text-conditional image generation with CLIP latents. *arXiv 2204.06125*, 2022.

[13] Robin Rombach, et al. High-resolution image synthesis with latent diffusion models. In *Proc. CVPR*, pp. 10684–10695, 2022.

[14] Zhou Yu, et al. Deep modular co-attention networks for visual question answering. In *Proc. CVPR*, 2019.

[15] Yutaro Yamada, et al. When are lemons purple? The concept association bias of CLIP. *arXiv 2212.12043*, 2022.

[16] Yiwu Zhong, et al. RegionCLIP: Region-based language-image pretraining. In *CVPR*, pp. 16793–16803, 2022.

[17] Shaoqing Ren, et al. Faster R-CNN: Towards real-time object detection with region proposal networks. In *Proc. NeurIPS*, Vol. 28, 2015.

[18] Kaiming He, et al. Mask R-CNN. In *Proc. ICCV*, 2017.

[19] Yanghao Li, et al. Scaling language-image pre-training via masking. *arXiv 2212.00794*, 2022.

[20] Xiaoyi Dong, et al. MaskCLIP: Masked self-distillation advances contrastive Language-Image pretraining. *arXiv 2208.12262*, 2022.

[21] Ross Girshick, et al. Fast R-CNN. In *Proc. ICCV*, 2015.

[22] Yifan Yang, et al. Attentive mask CLIP. *arXiv 2212.08653*, 2022.

[23] Jean-Bastien Grill, et al. Bootstrap your own latent: A new approach to self-supervised learning. In *Proc. NeurIPS*, Vol. 33, pp. 21271–21284, 2020.

[24] Yufeng Cui, et al. Democratizing contrastive language-image pre-training: A CLIP benchmark of data, model, and supervision. In *First Workshop on Pre-training: Perspectives, Pitfalls, and Paths Forward at ICML 2022*, 2022.

[25] Ting Chen, et al. A simple framework for contrastive learning of visual representations. In *Proc. ICML*, Vol. 119, pp. 1597–1607, 2020.

[26] Norman Mu, et al. SLIP: Self-supervision meets language-image pre-training. In *Proc. ECCV*, pp. 529–544, 2022.

[27] Jacob Devlin, et al. BERT: Pre-training of deep bidirectional Transformers for language understanding. In *Proc. ACL*, pp. 4171–4186, 2019.

[28] Yangguang Li, et al. Supervision exists everywhere: A data efficient contrastive language-image pre-training paradigm. In *Proc. ICLR*, 2022.

[29] Jason Wei, et al. EDA: Easy data augmentation techniques for boosting performance on text classification tasks. In *Proc. EMNLP*, pp. 6382–6388, 2019.

[30] Pengchuan Zhang, et al. VinVL: Revisiting visual representations in vision-language models. In *Proc. CVPR*, pp. 5579–5588, 2021.

しながわ せいたろう（奈良先端科学技術大学院大学）

フカヨミ 画像キャプション生成
CNNは不要？ Transformerですべて解決！

■菅沼雅徳

画像を読み込んでその説明文を自動生成する「画像キャプション生成」と呼ばれるタスクは，与えられた画像から画像特徴を抽出し，それをもとにキャプションを作成します。このタスクに適した画像特徴は，物体に主眼を置いた「Region特徴」ですが，これにはいくつか問題もあります。本稿では，こうした背景を説明した上で，それらの問題を克服して高速・高精度に画像キャプション生成を行う "GRIT" [1] を紹介します。

1　画像キャプション生成とは

画像キャプション生成（image captioning）は，与えられた画像に関する説明文を自然言語で記述するタスクです。図1に画像キャプション生成の例を示します。この図のように，基本的にはこのタスクは画像内に存在する主要物体の属性や状況を説明する文を生成することを目的とします。

正確な画像キャプション生成を行うためには，「画像」の情報を「言語」の情報へと適切に変換する必要があります。われわれ人間にとっては，それらを結び付けることはたやすい処理ですが，機械学習モデルにとってはそう簡単にはいきません。なにしろ，「画像」と「言語」はまったく異なる性質をもつためです。それゆえに，画像キャプション生成に関する研究は現在活発に行われてお

a little girl brushing her hair with a brush

a group of jockeys riding horses on a track

図1　画像キャプション生成の例。文献 [1] によって生成されたキャプション例を示しています。

り，日々新しい方法が開発されています。

次節以降では，近年の代表的な画像キャプション生成手法の概要と課題，そしてそれらの課題を解決するために筆者らがECCV2022[1]で提案した高速かつ高精度な画像キャプション生成手法 “GRIT” [1] について説明し，最後に今後の展望を述べます。

[1] European Conference on Computer Vision と呼ばれる，コンピュータビジョン分野における主要な国際会議の1つです。

2 画像キャプション生成手法の概要と画像特徴

2.1 画像キャプション生成手法の概要

近年の画像キャプション生成のネットワークは，図2に示すように，エンコーダ・デコーダ型のアーキテクチャを採用することが一般的です。まず，エンコーダは入力画像からキャプション生成に必要な画像特徴を抽出します。続いて，デコーダはエンコーダから抽出された画像特徴と入力単語の系列を受け取り，入力単語系列に続く1単語を生成します[2]。次時刻では，1つ前の時刻に生成された単語を入力単語系列に結合し，再びデコーダへ入力することで，同様に単語を生成します。この処理を，文末を表す特殊記号 [EOS] を出力するまで，もしくはあらかじめ決められた最大系列長に至るまで繰り返して，画像キャプションを完成させます。

[2] 時刻0におけるデコーダへの入力単語は，文頭を表す特殊記号 [BOS] です。

2014年に深層学習を用いた画像キャプション生成手法 [2] が提案されて以来，2019年頃までは，エンコーダとして畳み込みニューラルネットワーク（convolutional neural network; CNN）を，またデコーダ部分としてリカレントニューラルネットワークを採用する方法が数多く提案されました [3, 4]。2019年以降は，Transformer [5] の台頭に伴い，エンコーダ部分にCNNもしくはTransformerエンコーダを，デコーダ部分にTransformerのデコーダを採用する方法 [6, 7] が提案され，デコーダにリカレントニューラルネットワークを用いた方法よりも優れた性能を示しています。

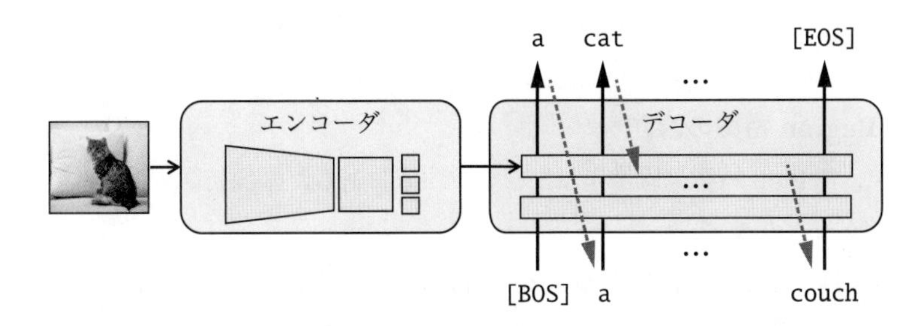

図2 エンコーダ・デコーダモデルの概要。エンコーダで画像特徴を抽出し，その画像特徴をもとにデコーダでキャプションを生成します。この図では，“a cat sitting on the couch” というキャプションを生成する例を示しています。

2.2　Grid 特徴と Region 特徴

高品質な画像キャプションを生成するためには，(i) エンコーダによる良質な画像特徴の抽出と，(ii) デコーダ部分で画像特徴と言語特徴をいかにうまく整合させるか，の 2 点が重要です。以下では，(ii) の前提として重要な (i) について説明します。

画像特徴の種類は，Grid 特徴と Region 特徴の 2 種類に大別できます（図 3）。Grid 特徴は，CNN や Vision Transformer などが出力する中間特徴マップそのものを表します。たとえば，CNN が $M \times M$ サイズの特徴マップを出力した場合，この特徴マップは M^2 個の格子領域の特徴ベクトルをもつことになります。これが Grid 特徴と呼ばれる所以です。Grid 特徴の利点は，画像全体の特徴量をまんべんなく利用できることです。

一方，Region 特徴は，画像内の物体領域から抽出した特徴量を指します。物体領域から特徴量を抽出するために，事前学習済みの物体検出器を利用します。物体検出器には，Faster R-CNN [8] がよく用いられます。画像キャプション生成では，画像内に存在する物体に焦点を当てた記述が求められるため，物体に主眼を置いた特徴量である Region 特徴のほうが，Grid 特徴よりも優れた画像キャプションの生成が可能であり，これまでに数多くの研究で採用されています [3]。

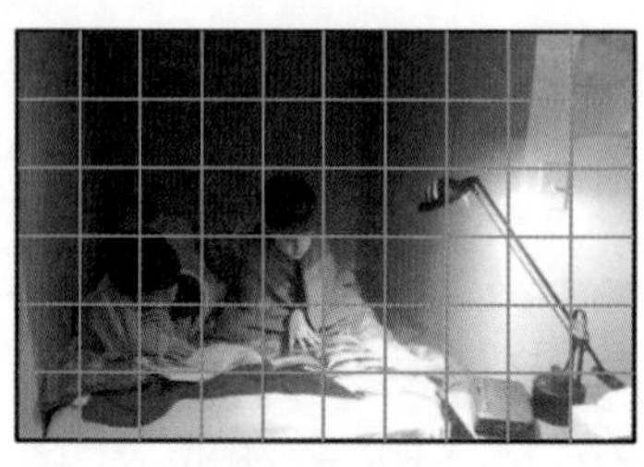

(a) Grid 特徴

(b) Region 特徴

図 3　Grid 特徴と Region 特徴。Grid 特徴は画像全体からまんべんなく特徴抽出を行うのに対して，Region 特徴は物体に主眼を置いた特徴抽出を行います。

2.3　Region 特徴の課題

さて，Region 特徴は画像キャプション生成に適した画像特徴ですが，いくつか課題が存在します。

1 つ目は，物体検出器による Region 特徴抽出の計算コストが高い点です。そのため，実際にキャプション生成モデルの学習をする際は，あらかじめすべての学習画像から Region 特徴を抽出し，外部ファイルに保存しておくなどの工夫をすることが通例です。

2 つ目の課題は，物体どうしの関係性などの文脈を捉えることが困難である点です。これは，一般的な物体検出器は個々の物体を検出することが主な目的であり，そもそも文脈関係を捉えるように訓練されていないことに起因します。

3 つ目の課題は，物体検出器の動作は完璧ではなく，物体の検出漏れの可能性がある点です。検出漏れが生じると，後段のデコーダの学習に悪影響を与えます。

3　GRIT：Transformer による高速・高精度な画像キャプション生成

ここでは，前節で述べた Region 特徴の課題を解決すべく筆者らが提案した画像キャプション生成方法である GRIT（grid and region-based image captioning Transformer）[1] について解説します。GRIT は Transformer によって Region/Grid 特徴の両者を抽出することで，性能を改善しつつ，従来の Region 特徴を利用する方法と比べて約 10 倍の高速化に成功しました。

3.1　モデル構造

GRIT は図 4 に示すように，バックボーンネットワーク，Grid 特徴抽出器，Region 特徴抽出器，デコーダの 4 要素で構成されています。特筆すべき点は，これらすべての構成要素を Transformer で実装していることです。以下では，4 要素のうち最初の 3 つについて詳しく説明し，4 つ目のデコーダは 3.2 項で別途取り上げます。

バックボーンネットワーク

バックボーンネットワークには，Swin Transformer [9] を用います。Swin Transformer は標準的な CNN と同様に，複数スケールの特徴マップの出力が可能であるため，物体検出との相性の点で優れています [10]。

GRIT では，Swin Transformer 内に 4 つ存在する Swin Transformer ブロックから出力された各特徴マップに対してパッチマージを適用した，4 スケール分の特徴マップを利用します。これは，$H \times W$ サイズのカラー画像から，$\{V_l\}_{l=1}^{4} \in \mathbb{R}^{\frac{H}{8^l} \times \frac{W}{8^l} \times 2^l C}$ の特徴マップを抽出することに相当します[3)]。この特徴マップを後段の Grid，Region 特徴抽出器にそれぞれ入力します。なお，Swin Transformer は，ImageNet21K を用いて事前学習（画像分類）を行います。

Grid 特徴抽出器

Grid 特徴抽出器は，自己注意機構，フィードフォワード層（FFN），層正規化，残差接続で構成される標準的な Transformer 層を L_g 層[4)] 積み重ねたネットワークで構成されます。

3) Swin Transformer の Base モデルを使用しています。パッチサイズは 4×4，ベクトルの次元数は $C = 128$ です。なお，Swin Transformer の原論文 [9] では最後の Swin Transformer ブロックの直後にパッチマージは行いませんが，GRIT では行っています。

4) 原論文では，$L_g = 3$。

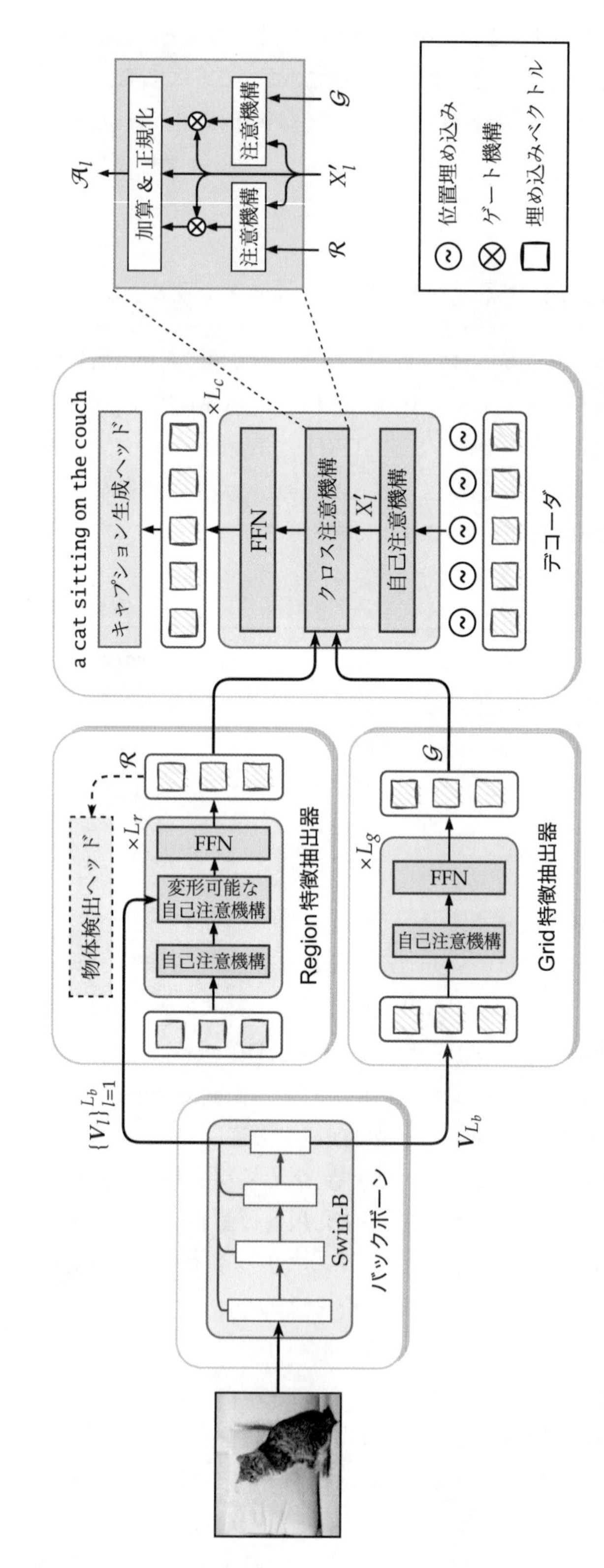

図 4　GRIT の概要図。バックボーンネットワーク，Region 特徴抽出器，Grid 特徴抽出器，デコーダの 4 要素で構成されます。なお，各注意機構と FFN の後に残差接続と層正規化を行います。図は文献 [1] をもとに作成。

Grid 特徴抽出器では，バックボーンネットワークからの最終出力特徴マップのみ（つまり，$V_4 \in \mathbb{R}^{\frac{H}{64}\times\frac{W}{64}\times 16C}$）を利用します。まず，特徴マップ V_4 に対して全結合層 $W^g \in \mathbb{R}^{d\times 16C}$ を適用することで，d 次元[5] のベクトル系列 $G_0 \in \mathbb{R}^{M\times d}$ に変換します（簡略化のため，$M = \frac{H}{64} \times \frac{W}{64}$ とします）。このベクトル系列を L_g 層の Transformer に入力することで，最終的な出力 $G_{L_g} \in \mathbb{R}^{M\times d}$ を計算し，これを Grid 特徴 $\mathcal{G}$ とします。層 l の計算は式 (1), (2) に従います。

[5] 原論文では，$d = 512$。

$$G'_{l-1} = \mathrm{LN}(\mathrm{SA}(G_{l-1}) + G_{l-1}) \quad (1)$$

$$G_l = \mathrm{LN}(\mathrm{FFN}(G'_{l-1}) + G'_{l-1}) \quad (2)$$

LN(·) は層正規化，FFN(·) はフィードフォワード層を表します。また，SA(·) は自己注意機構を表し，式 (3) で計算されます[6]。

[6] GRIT では，実際はマルチヘッド注意機構 [5] によって注意を計算していますが，説明の簡略化のため，通常の自己注意機構の数式を用いています。

$$\mathrm{SA}(X) = \mathrm{softmax}\left(\frac{XW_Q(XW_K)^T}{\sqrt{d}}\right)XW_V \quad (3)$$

$W_Q, W_K, W_V \in \mathbb{R}^{d\times d}$ は学習可能な全結合層を表します。

Region 特徴抽出器

Region 特徴を抽出するために，GRIT では Deformable-DETR [11] を用います。Deformable-DETR は，Transformer ベースの物体検出器である DETR [12] を改良したモデルです。DETR には，学習の収束速度が遅い，注意機構の計算コストの影響で高解像度画像への適用が難しい，といった課題があります。Deformable-DETR では，自己注意機構を変形可能（deformable）な注意機構に変更することで，これらの課題を解決しています。また，マルチスケールの特徴マップを用いた物体検出も可能です（詳細は文献 [11] を参照してください）。

CNN ベースの物体検出器ではなく Transformer ベースの物体検出器を利用することには，大きな意味があります。それは，非最大値抑制（non-maximum suppression; NMS）の処理を回避できるため，計算コストを大幅に下げることができる点です。詳細は 3.4 項で示しますが，従来の Faster R-CNN を利用する方法と比べて，約 10 倍の高速化を実現しました。

GRIT では，原論文 [11] の Deformable-DETR のデコーダ部分のみを Region 特徴抽出器として利用します。具体的には，自己注意機構，クロス注意機構，フィードフォワード層，層正規化，残差接続で構成される標準的な L_r 層[7] の Transformer デコーダを用います。ただし，通常のクロス注意機構はシングルスケール対応の注意機構であるのに対し，ここではマルチスケール対応の変形可能な注意機構 [11] を採用していることに注意してください。

[7] 原論文では $L_r = 6$。

Region 特徴抽出器は，オブジェクトクエリ $R_0 = \{r_i\}_{i=1}^N \in \mathbb{R}^d$ [8] を入力として

[8] 原論文では $N = 150$。

受け取り，途中のクロス注意機構でバックボーンネットワークから抽出した画像特徴 $\{\boldsymbol{V}_l\}_{l=1}^{4}$ との注意を計算します。GRIT は，最終層のオブジェクトクエリ $\boldsymbol{R}_{L_r} \in \mathbb{R}^{N \times d}$ を Region 特徴 $\mathcal{R}$ として利用します。Region 特徴抽出器は，3.3 項で示すように，4 つのデータセットを用いて事前学習（物体検出）を行います。

3.2 デコーダ（キャプション生成器）

デコーダも自己注意機構，クロス注意機構，フィードフォワード層，層正規化，残差接続からなる L_c 層[9] の Transformer 層で構成されています。デコーダへの入力は，時刻 $t-1$ までに生成された単語系列 $\boldsymbol{X} \in \mathbb{R}^{(t-1) \times d}$ です。$\boldsymbol{X}$ は，i 番目の単語に対応する単語ベクトル $\boldsymbol{x}_i$ を並べて行列表記としたものです（つまり，$\boldsymbol{X} = (\boldsymbol{x}_1, \ldots, \boldsymbol{x}_{t-1})$）。クロス注意機構へは，自己注意機構からの出力ベクトル系列，Grid 特徴 $\mathcal{G}$，Region 特徴 $\mathcal{R}$ を入力します。

[9] 原論文では，$L_c = 3$。

クロス注意機構の設計

2.2 項で言及したように，「画像特徴と言語特徴をいかにうまく整合させるか」も性能向上への重要な要素です。Transformer ベースの手法では，クロス注意機構で画像特徴と言語特徴間の橋渡しをするのが一般的です。ここで，Grid/Region 特徴のクロス注意機構への入力方法はいくつか考えられますが，以下では原論文 [1] で提案したうちの 1 つの方法[10] を説明します（図 4 右上）。以下，層 l でのクロス注意機構の出力 $\mathcal{A}_l$ の算出方法を解説しますが，簡略化のため添字 l は省略します。

[10] 文献 [1] では 3 つの入力方法および統合方法について検証しています。本稿では，その中で最も性能が良かった方法を説明します。

まず，2 つのクロス注意機構を並行して Grid 特徴および Region 特徴に適用します。

$$\boldsymbol{A}^g = \mathrm{CA}(\boldsymbol{X}', \mathcal{G}, \mathcal{G}) \tag{4}$$

$$\boldsymbol{A}^r = \mathrm{CA}(\boldsymbol{X}', \mathcal{R}, \mathcal{R}) \tag{5}$$

なお，$\boldsymbol{X}'$ はクロス注意機構の前段に位置する自己注意機構の出力 $\boldsymbol{X}' = \mathrm{LN}(\mathrm{SA}(\boldsymbol{X}) + \boldsymbol{X})$ を表します。CA は，クロス注意機構を表す関数で，式 (6) で計算されます。

$$\mathrm{CA}(\boldsymbol{Q}, \boldsymbol{K}, \boldsymbol{V}) = \mathrm{softmax}\left(\frac{\boldsymbol{Q}\boldsymbol{W}_Q(\boldsymbol{K}\boldsymbol{W}_K)^T}{\sqrt{d}}\right)\boldsymbol{V}\boldsymbol{W}_V \tag{6}$$

$\boldsymbol{W}_Q, \boldsymbol{W}_K, \boldsymbol{W}_V \in \mathbb{R}^{d \times d}$ は全結合層を表します。

続いて，出力系列 $\boldsymbol{A}^g, \boldsymbol{A}^r$ の各ベクトル $\{\boldsymbol{a}_i^g\}_{i=1}^{t-1}, \{\boldsymbol{a}_i^r\}_{i=1}^{t-1}$ を，ベクトル系列 $\boldsymbol{X}'$ の各ベクトル $\{\boldsymbol{x}_i'\}_{i=1}^{t-1}$ と結合した後に，全結合層 $\boldsymbol{W}^g, \boldsymbol{W}^r \in \mathbb{R}^{d \times 2d}$ とシグモイド関数を適用します。

$$c_i^g = \mathrm{sigmoid}(\boldsymbol{W}^g[\boldsymbol{a}_i^g; \boldsymbol{x}_i']) \tag{7}$$

$$c_i^r = \mathrm{sigmoid}(\boldsymbol{W}^r[\boldsymbol{a}_i^r; \boldsymbol{x}_i']) \tag{8}$$

最後に，式 (9) によってそれぞれの出力の重み付き和を計算することで，クロス注意機構からの出力 $\boldsymbol{A} = \{\boldsymbol{a}_i\}_{i=1}^{t-1}$ を求めます。

$$\boldsymbol{a}_i = \mathrm{LN}(\boldsymbol{c}_i^g \otimes \boldsymbol{a}_i^g + \boldsymbol{c}_i^r \otimes \boldsymbol{a}_i^r + \boldsymbol{x}_i') \tag{9}$$

出力 $\boldsymbol{A}$ は，後段のフィードフォワード層，層正規化，残差接続に入力されます。

キャプション生成

デコーダは，時刻 $t-1$ までに生成された単語系列を入力として受け取り，時刻 t において次単語を生成します。この処理を，文末を表す特殊記号 [EOS] を出力するまで，もしくはあらかじめ定められた最大系列長に達するまで繰り返すことで，画像キャプションを生成します。

キャプション生成は，あらかじめ用意した辞書 $\mathcal{V}$ 内からもっともらしい単語を選択する多クラス分類問題として定式化されます。たとえば，位置 $t-1$ におけるデコーダの出力ベクトルを $\boldsymbol{h}_{t-1} \in \mathbb{R}^d$ とすると，位置 t における単語の確率分布 $\boldsymbol{y}_t^* \in \mathbb{R}^{|\mathcal{V}|}$（$|\mathcal{V}|$ は辞書 $\mathcal{V}$ 内の語彙数）は，式 (10) のキャプション生成ヘッドで計算されます。

$$\boldsymbol{y}_t^* = \mathrm{softmax}(\boldsymbol{W}_p \boldsymbol{h}_{t-1}) \tag{10}$$

$\boldsymbol{W}_p \in \mathbb{R}^{|V|\times d}$ は全結合層を表します。

3.3 学習方法

GRIT の学習は，(1) バックボーンネットワークと Region 特徴抽出器の学習，(2) モデル全体の学習の 2 段階で行われます。

(1) バックボーンネットワークと Region 特徴抽出器の学習

まずは，バックボーンネットワークと，物体検出器である Region 特徴抽出器を，4 つの物体検出用のデータセットを用いて学習させます。データセットは，Visual Genome [13]，COCO [14]，Open Images [15]，Objects365 [16] を用います。

文献 [17] に従い，物体検出器の学習は 2 段階の学習で構成されています。具体的には，まず上述した 4 つのデータセットを用いて，通常どおり物体検出器を学習させます。このとき，学習に用いる損失関数や学習方法は，文献 [11] に従います。その後に Visual Genome に含まれている物体の属性ラベルを用いて，各物体の属性予測の学習を行います。学習率やエポック数などの詳細なハイパーパラメータは文献 [1] を参照してください。

(2) モデル全体の学習

画像キャプション生成用のデータセットである COCO [14] を用いて，バックボーンネットワーク，Grid 特徴抽出器，Region 特徴抽出器，デコーダを含む GRIT 全体を学習させます。より自然なキャプションを生成するために，多くの既存研究（たとえば [18]）に従って，交差エントロピー損失による学習と強化学習による追加学習を組み合わせて，モデルの最適化を行います。まずは，式 (11) で表される交差エントロピー損失を用いて，モデル全体のパラメータ θ の最適化を行います。

$$L_{\mathrm{XE}}(\theta) = -\sum_{t=1}^{T} \log(p_\theta(\hat{\boldsymbol{y}}_t | \boldsymbol{y}_{1:t-1})) \tag{11}$$

$\hat{\boldsymbol{y}}_t$ は t 番目の正解単語，$\boldsymbol{y}_{1:t-1}$ は $t-1$ 番目までの正解単語列を表します[11)]。また，p_θ は GRIT が出力する正解単語に対する予測確率を表します。

11) 学習時は 1 単語ずつ生成することはせず，正解の出力系列がすべて既知の状態で学習させます。つまり，位置 t の単語を予測する際は，位置 $t-1$ のみの単語情報を利用し，マスク処理によって位置 $t+1$ 以降の単語情報にはアクセスできないようにモデルの学習を工夫します。これによって，各単語位置 t について並列計算が可能となり，学習の効率化が実現します。

続いて，生成されたキャプションの CIDEr スコア（報酬）[19] を最大化するように，REINFORCE アルゴリズム [20] を用いてモデル全体のパラメータ θ を再学習させます。

$$L_{\mathrm{RL}}(\theta) = -\frac{1}{k}\sum_{i=1}^{k}(r(\hat{\boldsymbol{y}}^i) - b)\log p(\hat{\boldsymbol{y}}^i) \tag{12}$$

REINFORCE による最適化では，ビームサーチを行います。つまり，各時刻において確率が上位 k 個のキャプションを保持しながら，キャプション生成を行います。$\hat{\boldsymbol{y}}^i$ は保持している上位 k 個の生成キャプションにおける i 番目のキャプションを表します[12)]。$r(\cdot)$ はキャプションの CIDEr スコアを計算する報酬関数，b は学習を安定化させるための報酬のベースラインです。b は文献 [6] に従い，上位 k 個の生成キャプションの CIDEr スコアの平均値を用います[13)]。GRIT の学習に関する詳細な設定は，文献 [1] を参照してください。

12) 原論文では，$k = 5$。

13) つまり，$b = \frac{1}{k}\sum_i r(\hat{\boldsymbol{y}}^i)$。

3.4 評価実験

GRIT の性能を検証するために，いくつかのベンチマークを用いて既存手法との比較を行いました。紙面の都合上，本項では最も有名な COCO の Karpathy split [21] での結果を紹介します[14)]。

14) そのほかの結果については，文献 [1] を参照してください。

表 1 に GRIT と既存手法の BLEU，METEOR，ROUGE-L，CIDEr，SPICE のスコアを示します。ほとんどの評価指標において，GRIT は既存手法よりも

表1 BLEU (B), METEOR (M), ROUGE-L (R), CIDEr (C), SPICE (S) のスコアの比較。上段は画像・テキストペアによる大規模な事前学習 (VL 事前学習) を利用した方法の結果, 中段は VL 事前学習を用いない方法の結果を示しています。タイプは, 用いる画像特徴の種類を表します。下段の GRIT は Visual Genome のみを学習した物体検出器を用いた場合の結果, GRIT† は4つのデータセットで学習した物体検出器を用いた場合の結果を示しています。表は文献 [1] の一部を引用し翻訳。

手法	タイプ	データ数	性能評価指標					
			B@1	B@4	M	R	C	S
VL 事前学習あり								
VinVL$^{\dagger}_{\text{large}}$ [17]	$\mathcal{R}$	8.9M	-	41.0	31.1	-	140.9	25.2
SimVLM$_{\text{huge}}$ [22]	$\mathcal{G}$	1.8B	-	40.6	**33.7**	-	143.3	**25.4**
VL 事前学習なし								
RSTNet [23]	$\mathcal{G}$	-	81.8	40.1	29.8	59.5	135.6	23.0
$\mathcal{M}^2$ Transformer [6]	$\mathcal{R}$	-	80.8	39.1	29.2	58.6	131.2	22.6
TCIC [7]	$\mathcal{R}$	-	81.8	40.8	29.5	59.2	135.4	22.5
Dual Global [24]	$\mathcal{R}$+$\mathcal{G}$	-	81.3	40.3	29.2	59.4	132.4	23.3
GRIT	$\mathcal{R}$+$\mathcal{G}$	-	83.5	41.9	30.5	60.5	142.2	24.2
GRIT†	$\mathcal{R}$+$\mathcal{G}$	-	**84.2**	**42.4**	30.6	**60.7**	**144.2**	24.3

優れた性能を発揮していることがわかります。特に, 表の上段に示した最近の手法 [17, 22] では数百万から数十億規模の画像・テキストデータに基づく大規模事前学習を利用して, 高精度な結果を残しているのに対し, GRIT はこうした大規模事前学習を行わなくてもそれらを上回る性能を達成しています。

図5に, Region 特徴を用いる既存研究と GRIT における, 画像1枚当たりのキャプション生成にかかる計算時間を示します。各計算時間は, 1,000 枚の画像に対してビーム幅 5[15] のビームサーチでキャプション生成を行い, それらを平均して求めました[16]。VinVL および $\mathcal{M}^2$ Transformer への入力画像の解像度は 800 × 1333 画素であるのに対し, GRIT は高解像度の画像を用いなくても優れたキャプション生成が可能であるため, 384 × 640 の解像度の画像を用いています。VinVL と $\mathcal{M}^2$ Transformer は Faster R-CNN を用いていますが, Faster R-CNN の仕様上, 入力画像の解像度変更に伴う Region 特徴抽出部分の計算コストの増大は微小です。また, 全体の計算コストにおいて支配的なのは, NMS (非最大値抑制) を含む Region 特徴抽出部分の計算コストです。そのため, 入力解像度が違っても, 既存手法に対する GRIT の優位性は大きくは変わりません。

[15] つまり, $k = 5$。

[16] 計測には, 16GB の Tesla V100-SXM2 の GPU, Intel(R) Xeon(R) Gold 6148 の CPU を使用しました。

表1が示すキャプション生成精度の高さに加え, 図5から, GRIT は Region 特徴を利用する既存手法と比べて, 大幅にキャプション生成を高速化できていることがわかります。特に, 画像特徴抽出部分の計算時間 (バックボーンと Region 特徴抽出の合計) に注目すると, GRIT が 31 ms なのに対し, VinVL [17] が約 300 ms, $\mathcal{M}^2$ Transformer [6] が約 740 ms となっており, 約10倍から20倍の

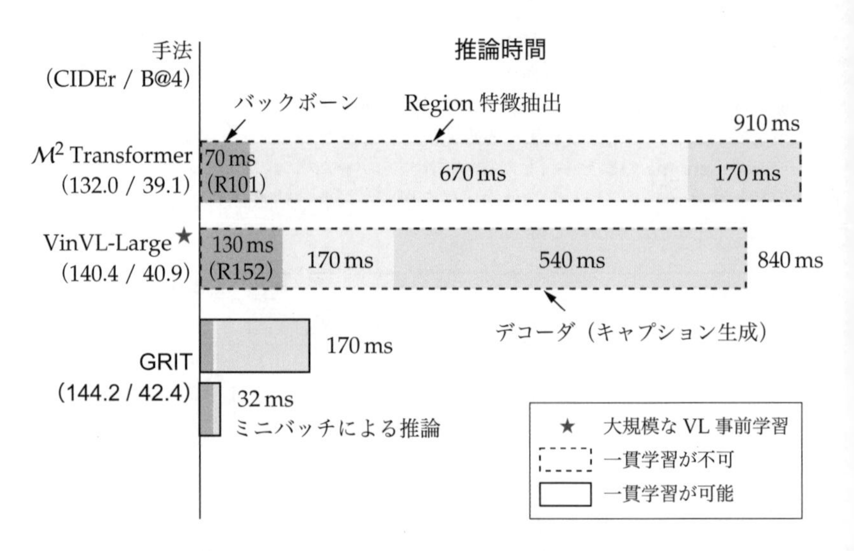

図 5　1 枚の画像のキャプション生成にかかる計算時間の比較。図中の数字は 1 桁目を丸めています。最下段のミニバッチによる推論は，32 枚の画像に対して並列にキャプション生成した際の 1 枚当たりの計算時間を示しています。図は文献 [1] を引用し翻訳。

高速化に成功しています。また，デコーダ部分の計算コストの削減にも成功していることが，図からわかります。これは，GRIT では良質な画像特徴を抽出できることから，デコーダの構造が簡素化されているためです[17]。

[17] VinVL は 12 層の Transformer を使用しているのに対して，GRIT は 3 層です。

4　今後の展望：基盤モデルとしての画像キャプション生成

画像キャプション生成のような，画像と自然言語を同時に扱う研究分野（vision and language; V&L）では，特定の 1 つのタスクのみを解くことを目的とせずに，複数のタスクを単一モデルで解くことを目指す試みが，近年注目を集めています。このようなより汎用的なモデルのことを基盤モデル（foundation model）と呼びます [25, 26, 27]。そのため，近年の V&L 分野の研究では，画像キャプション生成は複数の対象タスクのうちの 1 つとして見なされ，基盤モデルの性能評価指標の一部として使用されるようになっています[18]。

[18] V&L 分野では，画像キャプション生成や画像付き質疑応答（VQA），画像・テキスト検索などでモデルの性能を評価するのが一般的です。

基盤モデルの肝となるのが，非常に大規模な事前学習です。具体的には，ウェブから収集された数億から数十億規模の画像・キャプションペアを用いて，Transformer の事前学習を行います。この事前学習にはさまざまな方法が提案されていますが，現時点（2023 年 4 月）で成功している方法の 1 つが画像キャプション生成です [22, 25, 26]。つまり，大規模なデータセットにより訓練されたキャプション生成モデルは，V&L タスクにおいて非常に汎用性の高いモデルとなります。確かに，キャプション生成は画像から言語への「翻訳」であるため，キャプション生成モデルは汎用的な特徴抽出器として適任だといえるでしょう。そのため，GRIT のような高速かつ高精度なキャプション生成モデルの研究は，今後も重要な役割を担うと考えられます。

参考文献

[1] N. Van-Quang, M. Suganuma, and T. Okatani. GRIT: Faster and better image captioning transformer using dual visual features. In *ECCV*, 2022.

[2] O. Vinyals, A. Toshev, S. Bengio, and D. Erhan. Show and tell: A neural image caption generator. In *CVPR*, 2015.

[3] P. Anderson, X. He, C. Buehler, D. Teney, et al. Bottom-up and top-down attention for image captioning and visual question answering. In *CVPR*, 2018.

[4] L. Huang, W. Wang, J. Chen, and X.-Y. Wei. Attention on attention for image captioning. In *ICCV*, 2019.

[5] A. Vaswani, N. Shazeer, N. Parmar, J. Uszkoreit, et al. Attention is all you need. In *NeurIPS*, 2017.

[6] M. Cornia, M. Stefanini, L. Baraldi, and R. Cucchiara. Meshed-memory transformer for image captioning. In *CVPR*, 2020.

[7] Z. Fan, Z. Wei, S. Wang, R. Wang, et al. TCIC: Theme concepts learning cross language and vision for image captioning. *arXiv:2106.10936*, 2021.

[8] S. Ren, K. He, R. Girshick, and J. Sun. Faster R-CNN: Towards real-time object detection with region proposal networks. In *NeurIPS*, 2015.

[9] Z. Liu, Y. Lin, Y. Cao, H. Hu, et al. Swin transformer: Hierarchical vision transformer using shifted windows. In *ICCV*, 2021.

[10] T. Lin, P. Dollár, R. Girshick, K. He, B. Hariharan, and S. Belongie. Feature pyramid networks for object detection. In *CVPR*, 2017.

[11] X. Zhu, W. Su, L. Lu, B. Li, et al. Deformable DETR: Deformable transformers for end-to-end object detection. In *ICLR*, 2021.

[12] N. Carion, F. Massa, G. Synnaeve, N. Usunier, et al. End-to-end object detection with transformers. In *ECCV*, 2020.

[13] R. Krishna, Y. Zhu, O. Groth, J. Johnson, et al. Visual genome: Connecting language and vision using crowdsourced dense image annotations. *International Journal of Computer Vision*, Vol. 123, pp. 32–73, 2017.

[14] T.-Y. Lin, M. Maire, S. Belongie, J. Hays, et al. Microsoft COCO: Common objects in context. In *ECCV*, 2014.

[15] K. Alina, R. Hassan, A. Neil, U. Jasper, et al. The open images dataset V4: Unified image classification, object detection, and visual relationship detection at scale. *International Journal of Computer Vision*, Vol. 128, pp. 1956–1981, 2020.

[16] S. Shao, Z. Li, T. Zhang, C. Peng, et al. Objects365: A large-scale, high-quality dataset for object detection. In *ICCV*, 2019.

[17] P. Zhang, X. Li, X. Hu, J. Yang, et al. Vinvl: Revisiting visual representations in vision-language models. In *CVPR*, 2021.

[18] S. J. Rennie, E. Marcheret, Y. Mroueh, J. Ross, and V. Goel. Self-critical sequence training for image captioning. In *CVPR*, 2017.

[19] R. Vedantam, C. Z. Lawrence, and D. Parikh. Cider: Consensus-based image description evaluation. In *CVPR*, 2015.

[20] R. J. Williams. Simple statistical gradient-following algorithms for connectionist reinforcement learning. *Machine learning*, Vol. 8, No. 3, pp. 229–256, 1992.

[21] A. Karpathy. Neuraltalk. https://github.com/karpathy/neuraltalk.

[22] Z. Wang, J. Yu, A. W. Yu, Z. Dai, et al. Simvlm: Simple visual language model pretraining with weak supervision. *arXiv:2108.10904*, 2021.

[23] X. Zhang, X. Sun, Y. Luo, J. Ji, et al. RSTNet: Captioning with adaptive attention on visual and non-visual words. In *CVPR*, 2021.

[24] T. Xian, Z. Li, C. Zhang, and H. Ma. Dual global enhanced Transformer for image captioning. *Neural Networks*, Vol. 148, pp. 129–141, 2022.

[25] J. Yu, Z. Wang, V. Vasudevan, L. Yeung, et al. Coca: Contrastive captioners are image-text foundation models. *Transactions on Machine Learning Research*, 2022.

[26] P. Wang, A. Yang, R. Men, J. Lin, et al. Unifying architectures, tasks, and modalities through a simple sequence-to-sequence learning framework. In *ICML*, 2022.

[27] W. Wang, H. Bao, L. Dong, J. Bjorck, et al. Image as a foreign language: Beit pretraining for all vision and vision-language tasks. *arXiv:2208.10442*, 2022.

すがぬま まさのり（東北大学）

フカヨミ ジェスチャー動作生成
複雑かつ曖昧で不確実な対話の世界！

■岩本尚也

1　はじめに

ここ数年のコロナ禍における行動制限を通して，さまざまな場面にコミュニケーションのオンライン化の波が押し寄せてきています。その一方，最近になって対面コミュニケーションの重要性も再認識され始めています。対面コミュニケーションは，会話内容だけではなく，相手の表情や目線，声のトーン，身振り手振りなどを目と耳を通じて受け取ることができ，そういった非言語情報は言葉以上に大きな役割を果たします。そうした背景から，身体要素を伴ったアバターを活用した3次元ソーシャルメディア空間であるメタバースにも注目が集まっており，今後はアバターの表情やジェスチャー動作といった非言語動作の遠隔操作による可視化表現，さらには非言語動作の自動生成により，さまざまな用途に応じた自動の対話アバターサービスが実現されていくでしょう。

本稿で着目する発話音声に応じたジェスチャー動作生成（図1）は，そうし

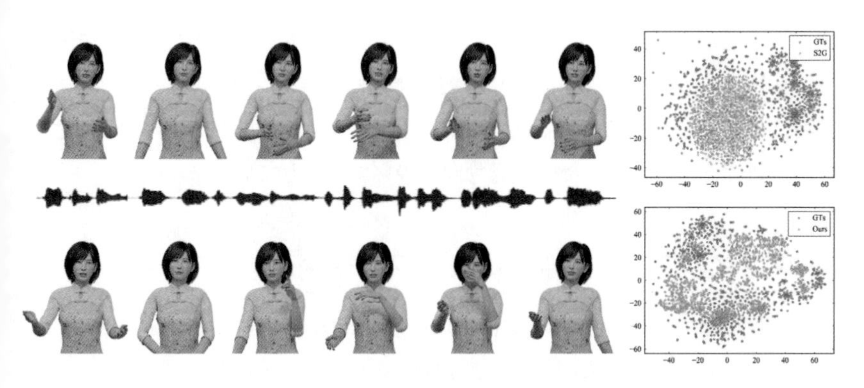

図1　発話音声に応じた多様なジェスチャー動作の生成例。上段・下段の左図は，同一の入力音声からそれぞれ異なる手法で生成したジェスチャー動作を表し，右図は，各手法の生成動作群（青色）とモーキャプによる実データ動作群（赤色）の分布を表しています。上段の手法 [1] に比べて，下段の DisCo [2] は，実データに近い多様な動作を生成できていることが見て取れます。（図は文献 [2] より引用）

た将来のサービスやアプリケーションと親和性が高く，近年の姿勢推定や感情推定の精度向上，時系列データの学習モデルの発展も相まって，研究テーマとしても活発化してきています。そして，この分野の主要研究者らによるソースコードやデータセットの公開，参加型イベントである GENEA challenge[1] といった貢献も本分野の発展に大きく寄与しています。しかしながら，ジェスチャー動作を生成する上でどのようなデータからどういった情報を学習し，それらからジェスチャー動作をどう生成・制御するのか，さらに生成結果をどう評価するのか，といった問いについては，いまだ議論の余地が多く残されているといえるでしょう。というのも，人の発話に応じたジェスチャー動作は，非常に複雑かつ曖昧で不確実であるからです。たとえば，私たちは話す内容が同じでも同じ動作を繰り返さないように，発話音声や内容の動作に対する寄与は非常に曖昧です。また，話している途中で急に頭がかゆくなったり鼻がムズムズしたりして，無意識に会話と関係のない動作を行ってしまうことがあります。そのため，身体情報を含めた極力多くのマルチモーダル情報を取得すること，そしてそれらのデータから時系列情報も考慮した複雑な関係性を導き出しながら一意の動作を生成することが重要になります。同時に，その生成動作を不確実性を多分に含む実データと比較しながら適切に評価することが求められます。

[1] ジェスチャー動作生成の主要研究者らを中心に 2020 年より開催されているワークショップ。各参加チームの提案手法を同一条件下で評価し，議論し合う場となっています。その目的が手法の優劣をつけることではないところがユニークな点です。

そこで，まず 2 節では，これまでのジェスチャー動作生成手法に関する研究を分類し，その主要技術と残された課題に触れていきます。そして 3 節と 4 節では，それらの課題を克服しようとした 2 本の論文をフカヨミします。1 つは「多様性のあるジェスチャー動作生成」に取り組んだ ACMMM 2022 の採択論文である DisCo [2]，もう 1 つは「高品質かつ大規模なマルチモーダルデータセット構築」に取り組んだ ECCV 2022 の採択論文である BEAT [3] です。特に後者は，こうした論文を書く上での留意事項も交えて説明します。最後に，これらの研究を踏まえた今後の研究動向について考察していきます。

2　ジェスチャー動作生成手法の分類と課題

発話に応じたジェスチャー動作生成手法は，大きく分けてルールベース手法とデータドリブン手法に分類できます。そして，データドリブン手法はさらに，決定論的モデル（deterministic model）と確率的生成モデル（probabilistic generative model）に分けることができます。本節では，各分類の特徴と主要技術，そしてそれぞれの課題について解説していきます。

2.1 ルールベース手法

ルールベース手法は，入力音声に対する出力動作をユーザーが定義した法則に従って動作のデータセットから選択します。たとえば，Cassell ら [4] は，単語とジェスチャーの対応付け，音声とジェスチャーの対応付けを行うことで，動作の意味とタイミングが音声に合ったジェスチャーを生成することを可能にしています。この手法のメリットは，出力動作の質をデータセットと同程度に保てる点や，音声以外にテキストも考慮することで意味と音声が合致した動作を適切な位置に出力できる点です。しかし，そういったルールを1つ1つ定義するのに手間がかかる点や，動作の多様性が出しづらい点がデメリットとして挙げられます。このような特徴から，発話内容が決まったゲームなどのコンテンツで使いやすい手法といえるでしょう。

2.2 データドリブン手法

データドリブン手法は，たとえば音声と動作のペアを含むデータセットにおける両者の対応関係を学習し，入力された音声にふさわしい状態を生成する手法です。深層学習の登場以前は，動的ベイジアンネットワークのような確率モデルが主流であり，Levine らによる隠れマルコフモデルを用いた手法 [5] や条件付き確率場[2] を用いた手法 [6] では，発話のリズムと動作の特徴量の対応を学習し，クラスタリングされた動作データからもっともらしいジェスチャー動作を選択するアプローチが提案されています。そして深層学習の登場により，音声とジェスチャー動作が対になった大規模なマルチモーダルデータセットも効果的に学習することが可能になりました。以下では，深層学習以後のモデルを決定論的モデルと確率的生成モデルに分けて解説します。

[2] 無向グラフにより表現される確率的グラフィカルモデルの1つであり，自然言語処理，コンピュータビジョンなどの分野で連続データの解析などによく利用される識別モデルです。

決定論的モデル（deterministic model）

決定論的モデルは，データセットに含まれる音声と動作のペアから写像関係を学習することで，入力に合った適切な出力を可能にするモデルです。Hasegawa ら [7] は，モーションキャプチャで取得したジェスチャー動作とその発話音声の時系列情報を LSTM（long short-term memory）ベースのニューラルネットワークにより学習し，発話に応じたジェスチャー動作を生成することを可能にしました。そして，Yoon ら [8] は，ビデオ映像から取得した2次元の姿勢とその発話テキストのペアデータセット[3] を構築し，ジェスチャー動作生成を行いました。さらに，Ginosar ら [1] は 140 時間超の Speech2Gesture（S2G）データセット[4] を構築し，学習時に生成動作が平均的になりすぎないよう敵対的な識別器（adversarial discriminator）を加えることで，さらなる精度向上を実現し

[3] このデータセットは，機械翻訳の分野でも使用されている TED Talk の映像と字幕がもとになっています。

[4] OpenPose [9] で取得した全身および手の2次元の関節位置が，スペクトログラム画像に変換した発話音声情報に紐づけられています。

ています。音声と姿勢情報のほかにも，Kurachenko ら [10] による話者のジェスチャースタイルや，Yoon ら [11] によるテキストに対応したジェスチャー動作生成といったモデルも提案されています。

こうした手法はマルチモーダル情報を取り扱いやすい一方，基本的にはデータ間の一対一写像を取り扱うことから，出力される動作が平均的な動作になってしまう傾向があります。つまり，音声と動作の間にある固有の一対多の写像関係[5] を再現しづらく，多様性を表現しづらいという課題があります。

[5] たとえば，同じ発話音声に対してさまざまなジェスチャーのバリエーションが考えられます。

確率的生成モデル（probabilistic generative model）

確率的生成モデルは，潜在空間をサンプリングし，その分布によって確率的に多様なジェスチャー動作を生成することが可能なモデルであり，一対多のようなジェスチャーの不確実性に対する再現度が高いことから，近年採用する論文が増えてきています [12, 13]。

主要な論文として，Normalizing flow と呼ばれる確率的生成モデルをジェスチャー動作に特化させた，Alexanderson らによる StyleGestures [12] は，制御パラメータを入力として用意することで，ジェスチャーの強弱やスピード，左右対称性やスタイルをユーザー側から制御可能にした点が評価されています。この手法は手動でのラベリングが不要で，かつ大量のデータを学習可能であり，入力として与えたスピーチに応じた動作の条件付き確率分布を学習できることから，同じ入力データに対して都度異なる結果を生成することができます。

また，Li らによる Audio2Gestures（A2G）[13] は，音声と動作が混在するクロスモーダルな潜在変数を共有変数と動作特化変数へと分解することで，明示的に一対多写像を取り扱えるようにした VAE として，Conditional Variational Autoencoder（CVAE）を提案しています。共有変数は音声と動作の間に強い関係性がある情報を含み，動作特化変数は音声とは無関係な多様な動作情報を含みます。加えて，VAE をより良く学習させるために[6]，複数の損失や制約とともにランダムサンプリングを促進する写像ネットワークが設計されています。

[6] VAE は潜在変数を 2 つに分けて学習することが難しいとされています。

2.3　従来法の課題：多様性とデータセット

最終的なジェスチャー動作生成の質は，学習したモデル自体の能力と学習データの分布の組み合わせによって決定します。その点で音声に応じて多様なジェスチャー動作を生成できる確率的生成モデルが優れているといえますが，多様性の向上を目的とした学習データ分布のリサンプリングやデータ拡張[7] が，以下の 2 つの理由により難しいことが指摘されています [2]。

[7] 画像やスピーチの認識および動作推定などの分野では，頻繁に用いられています。

データセット上のカテゴリレベルのアノテーション情報の欠如

既存のジェスチャー動作データは，主に関節の位置や回転などのデータのみが提供されており，ジェスチャー動作のカテゴリといった解釈可能な情報が欠けています。そのため，既存手法の正確性や多様性を評価するベンチマークは，関節位置や回転のユークリッド距離や速度の平均誤差，FGD[8] といった特徴空間での距離誤差によるものとなっています。この評価方法は平均的な多様性は評価できますが，平均を下回るような珍しい動作を生成することはできません。

[8] Frechet Gesture Distance の略称。ジェスチャー動作間の類似度を評価する尺度として多く用いられています。

ジェスチャー動作におけるコンテンツとリズムの間の多対多関係

DisCo [2] では，ジェスチャー動作を構成する要素を，意味合いを示す動作コンテンツと，周期性を示す動作リズムの 2 つとし，データセット [1, 14] のジェスチャー動作を上記要素に分類することで，両者のデータ分布と相互関係を調査しています[9]。その結果，動作コンテンツの分布がロングテール[10] で，動作リズムの分布が一定であること，そして互いに多対多の写像関係があることが明らかになりました。このことから，珍しい動作を出現しやすくするために動作コンテンツの分布のみをリサンプリングしてしまうと，動作リズムの分布が不釣り合いとなり，入力音声のリズムと動作リズムの同期性を低下させてしまうことが報告されています。

[9] 分類分けやデータ分布の詳しい方法については，3.1 項で述べます。

[10] 分布の裾が指数関数的には減衰せず，緩やかに減衰する分布の総称。

3　DisCo：音声に同期した多様なジェスチャー動作生成手法

本節で解説する DisCo [2] は，音声に同期した多様なジェスチャー動作を生成することを目的とし，前節の課題を解決する 3 つの提案を行っています。

- ジェスチャー動作データセットに，動作コンテンツと動作リズムといった解釈可能な情報を疑似的に与えること
- 動作の多様性に寄与する動作コンテンツ分布をリサンプリングすることで，幅広い多様性を実現すること
- リサンプリング後の動作コンテンツと動作リズム間の多対多の写像関係を，音声との同期性を考慮しながら分析することで一意性を高めること

以下では，図 2 に示す DisCo のパイプラインについて述べた後，その核となる動作コンテンツと動作リズムへの分解（3.1 項），多様性と一意性を実現する Diversity-and-Inclusion Network（3.2 項），生成結果の評価（3.3 項）の順に解説していきます。

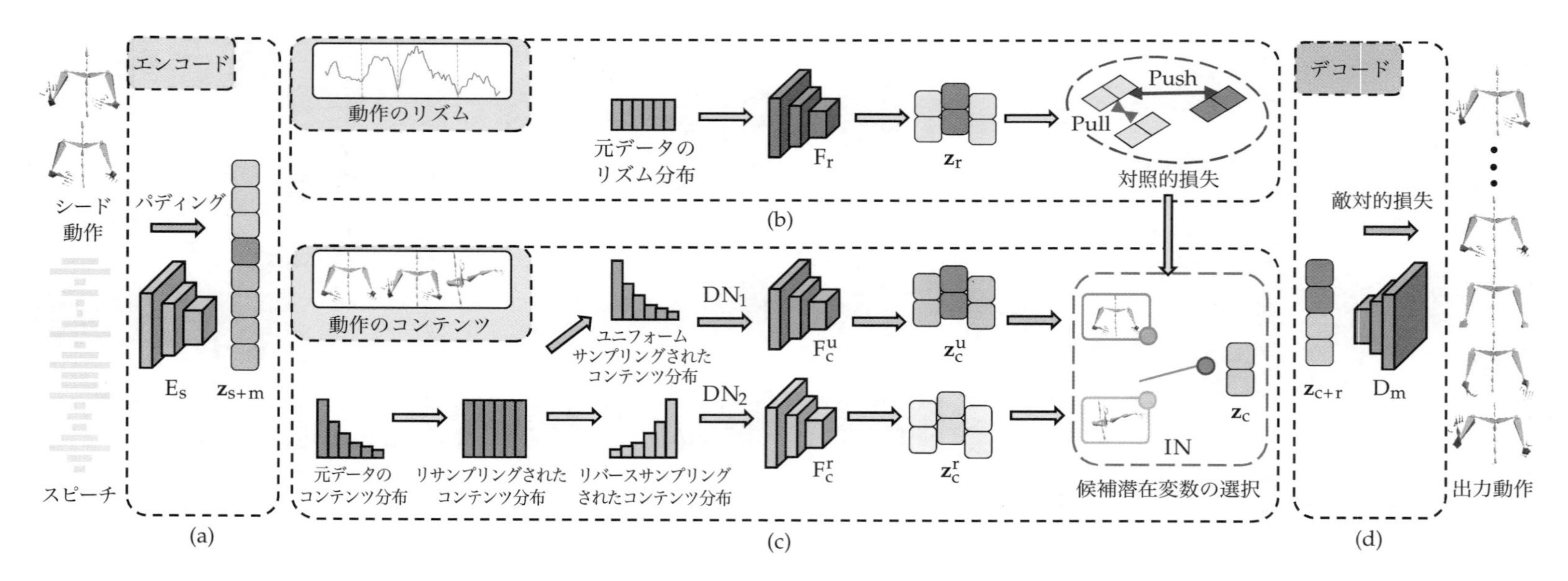

図 2 DisCo のパイプライン図。入力として与えられた動作を動作リズムと動作コンテンツに分け，多様性に寄与する動作コンテンツの分布をリサンプリングしながら，対照的損失によって音声との同期性を高める設計が，DisCo のカギです。(図は文献 [2] より引用し翻訳)

(a) エンコード：まず，入力はデータセットにある一連の音声と動作を 2 秒間隔に区切ったセグメントとなっています。入力となるバッチ分の発話音声セグメント s と動作セグメント m_{seed} をエンコードし，その潜在変数をそれぞれ $\mathbf{z}_{\text{s}}, \mathbf{z}_{\text{m}}$ とします。その 2 つを連結した $\mathbf{z}_{\text{s+m}}$ が，それぞれ上下に分かれる動作リズムブランチと動作コンテンツブランチの入力となります。

(b) 動作リズムブランチ：元の動作リズムのデータ分布は各データセットで一定になる傾向があるため，元の分布でエンコードを行い，潜在変数 $\mathbf{z}_{\text{r}}$ を得ます。

(c) 動作コンテンツブランチ：元の動作コンテンツのデータ分布が偏った傾向にあることから，いったんその分布を均一にリサンプリングした後，一定にユニフォームサンプリングしたものとリバースサンプリングしたものによって，分布の異なる潜在変数 $\mathbf{z}_{\text{c}}^{\text{u}}$ と $\mathbf{z}_{\text{c}}^{\text{r}}$ をそれぞれ得ます[11)]。この処理はより多様性を出すための役割を担うネットワークであることから，Diversity Networks（DNs）と呼んでいます。続いて，DNs から得た 2 つの異なる動作潜在変数が入力音声のリズムと同期するよう，動作リズムブランチおよび動作コンテンツブランチそれぞれで対照的損失を考慮し，最終的に適切な動作を選択します。この処理を Inclusion Network（IN）と呼んでいます。

11) 表現学習では，元データ分布を使用した場合が最も性能が良く [15]，MLP による分類分けでは，デコード時にバランスが保たれた分布が良いという 2 つの面から，音声は元分布を使用し，デコーダと識別器はバランス調整がなされた分布を使用しています。

(d) デコード：(b), (c) を合わせた Diversity-and-Inclusion Network（DIN）により得られた動作コンテンツと動作リズムの潜在変数を連結した $\mathbf{z}_{\text{c+r}}$ から，最終的な動作が生成されます。このとき，敵対的損失を加えることでその質を向上させています。

このパイプラインで使用する損失関数をまとめたものを式 (1) に示します。なお，各 λ はハイパーパラメータとしてグリッドサーチ[12)] により決定します。

12) パラメータ探索手法の一種であり，探索対象のパラメータ候補を列挙し，そのすべての組み合わせを照らし合わせることで最適な組み合わせを見つけ出します。

$$\ell_{\text{all}} = \lambda_1 \ell_{\text{cont}} + \lambda_2 \ell_{\text{rec}} + \lambda_3 \ell_{\text{adv}} \tag{1}$$

ここで，以下に示すように，復元損失 ℓ_{rec} はデコーダ $\text{D}_{\text{m}}(\mathbf{z}_{\text{r}}, \mathbf{z}_{\text{c}})$ によって生成した動作 $\hat{\mathbf{m}}$ と正解データ $\mathbf{m}$ の誤差によって計算され，また敵対的損失 ℓ_{adv} は GAN で使用される一般的なものをそのまま使用します。

$$\ell_{\text{rec}} = \mathbb{E}\left[\|\mathbf{m} - \hat{\mathbf{m}}\|_1\right]$$
$$\ell_{\text{adv}} = -\mathbb{E}[\log(Dis(\hat{\mathbf{m}}))]$$

ここで，*Dis* は Discriminator の略で，GAN の識別ネットワークを意味します。

以降では，入力動作を動作コンテンツと動作リズムに分解する対照的損失 ℓ_{cont} について述べ，その後 DIN や評価について解説していきます。

3.1　コンテンツ特徴量とリズム特徴量への分解

本項では，ジェスチャー動作を学習時に動作コンテンツと動作リズムの特徴量に分解するための対照的損失の設計について解説します。

まず事前処理として，データセットの一連の音声と動作を 2 秒ごとにセグメント分割することで，互いに同じインデックスをもったペアデータを作成します。その後，2.3 項の手順にならい，動作セグメント群を動作コンテンツと動作リズムに分類します。なお，ここでは動作コンテンツとして Aristidou ら [16] による Motion Words，動作リズムとして Li ら [17] による Motion Beats の定義を使用しています。それぞれダンスに関する研究において，各動作の意味合いおよびリズム（ビート）要素を解析する目的でよく使用されています。続いて，分類した動作コンテンツと動作リズムに対して k-means 法を適用する[13] ことで，互いの距離[14] に応じたカテゴリ（$\mathbf{k}_c, \mathbf{k}_r$ など）のラベル付き動作セグメントデータを作成します。このとき，特定の 1 つの特徴量のペア，たとえばリズム特徴量 $\mathbf{z}_r^i, \mathbf{z}_r^j$ に対する対照的損失は，式 (2) に示すような $\mathbf{k}_r^i, \mathbf{k}_r^j$ に基づいたポジティブ/ネガティブのサンプルで定義できます。なお，$\tau_r^{\pm}$ は対照的損失におけるポジティブ/ネガティブのサンプルの閾値を示し，C_r はポジティブ/ネガティブのサンプル数に応じた損失を正規化するための定数です。この手続きは，コンテンツ特徴量 $\mathbf{z}_c$ に対しても同様に行うことで双方に対する分解を促します。

$$\ell_{\mathrm{cont}}\left(\mathbf{z}_r^i, \mathbf{z}_r^j\right) = \begin{cases} \dfrac{1}{C_r^+} \max\left(D_r\left(\hat{\mathbf{m}}_i, \hat{\mathbf{m}}_j\right) - \tau_r^+, 0\right), & \mathbf{k}_r^i = \mathbf{k}_r^j \\ \dfrac{1}{C_r^-} \max\left(\tau_r^- - D_r\left(\hat{\mathbf{m}}_i, \hat{\mathbf{m}}_j\right), 0\right), & \text{その他の場合} \end{cases} \tag{2}$$

ここで，関数 D_r は距離測定法を示し，学習済みの動作リズムクラス分類器から潜在特徴量を抽出する関数 H_r によって計算されます。

$$D_r\left(\hat{\mathbf{m}}_i, \hat{\mathbf{m}}_j\right) = \frac{H_r(\hat{\mathbf{m}}_i) \cdot H_r(\hat{\mathbf{m}}_j)}{\|H_r(\hat{\mathbf{m}}_i)\|\|H_r(\hat{\mathbf{m}}_j)\|} \tag{3}$$

[13] k-means 法のクラスタリング数は，経験値で 100 としています。

[14] 距離の計算方法は動作コンテンツと動作リズムで異なります。前者は異なる動作どうしで Dynamic Time Warping を計算し，後者はフレームごとのリズムが埋め込まれたバイナリ配列どうしでユークリッド距離を計算します。

3.2　Diversity-and-Inclusion Network（DIN）

動作の多様性とリズムとの同期性を両立するためのネットワークとして，DisCo では Diversity-and-Inclusion Network（DIN）を提案しています。このネットワークを設計するにあたり，動作コンテンツと動作リズムの多対多の関係を分析しながら，動作リズム特徴量に応じて動作コンテンツを精緻化させていくことを考えます。このとき，初期の実験では，動作コンテンツと動作リズムの特徴量を連結したものを入力としていましたが，コンテンツの元の分布とリサンプリング後の分布のいずれも精緻化されなかったため，最終的に，異なるサンプリング方法による複数の動作コンテンツ特徴量候補を提示（DNs）して，動作リズム特徴量に応じて候補を 1 つに絞る（IN）設計になりました。

Diversity Networks（DNs）

DNs は動作コンテンツブランチで行われる処理であり，音声と動作を連結させた $\mathbf{z}_{s+m}$ が入力となります。そこから，一定のサンプリング率 η と $1/\eta$ でリサンプリングされた分布を用いて，動作コンテンツ特徴量 $\mathbf{z}_c^u, \mathbf{z}_c^r$ をそれぞれ得ます。ここで，ユニフォームサンプリングを通して得た特徴量は，元のデータ分布のヘッド部分，つまりありきたりな動作の特徴を含んでいます。一方，リバースサンプリングを通した特徴量は，元のデータ分布のテール部分の，いわば個性的な動作の特徴を含んでいます。

Inclusion Network（IN）

IN は，動作リズム特徴量 $\mathbf{z}_r$ を用いて，DNs で生成された 2 つの動作コンテンツの潜在変数候補を 1 つに絞る役割をもっています。その仕組みから，カーネル機構をもったクラス分類ネットワークともいえます。図 3 に示すように，動作リズム特徴量 $\mathbf{z}_r$ を入力とした LSTM と MLP，Softmax アクティベーション層で構成されており，異なる分布によって計算された動作クリップを正解とした教師あり学習によって，式 (4) に示すような動作コンテンツ特徴量の重み付き和 $\mathbf{z}_c$ を決定する α と β を求めます。

$$
\begin{aligned}
\mathbf{z}_c &= \alpha \mathbf{z}_c^u + \beta \mathbf{z}_c^r \\
\alpha, \beta &= \mathrm{IN}(\mathbf{z}_r),\ \text{ただし}\ \alpha + \beta = 1
\end{aligned}
\tag{4}
$$

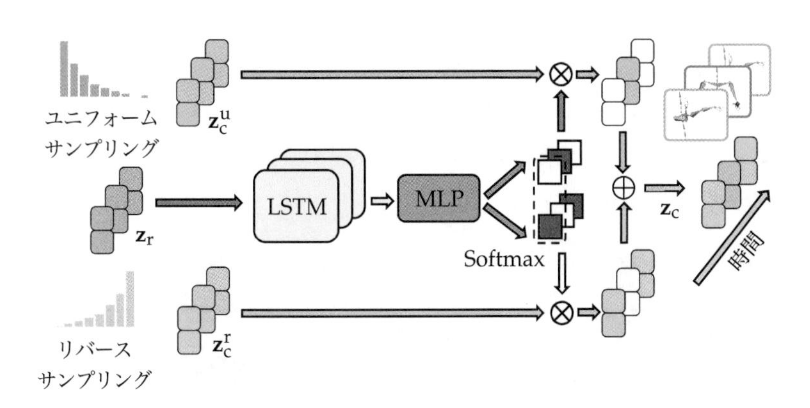

図 3　Inclusion Network の概要図。リズムの潜在変数 $\mathbf{z}_r$ とサンプリング率の異なるコンテンツ潜在変数どうしを入力とし，LSTM と MLP，Softmax により多様な動作を時間ごとに選んでいく設計になっています。（図は文献 [2] より引用し翻訳）

なお，開発初期の段階で教師なし学習を試したところ，LSTM の能力の限度により，長いシーケンスの発話に対して特徴クラスの選択がユニフォームサンプリング側に偏る結果となったため，最終的に教師あり学習の設計となっています。

3.3 生成結果の評価

生成したジェスチャー動作の性能評価は非常に重要であり，DisCo では 2 つの公開データセット[15] に対して，主観評価，客観評価，アブレーション研究[16] を行っています。主観評価では，最新研究である S2G [1], SpeechDrivenTemplate [18], A2G [13]，そして DisCo の生成結果の動画を被験者に見せ，物理的な正しさ，多様性，スピーチとの同期性，全体的な好みの観点でそれぞれ評価してもらいます。客観評価では下記の 3 つの評価尺度を用いており，上記の主観評価での比較研究に加えて StyleGestures [12] も比較対象としています。

[15] Trinity [14] と S2G [1] を使用しています。Trinity は 23 個のシーケンスを含む 244 分のスピーチと動作のペアデータであり，1 つのシーケンスはおよそ 10 分程度で 56 個の関節情報を含んでいます。S2G は，504 個の映像から推定された 49 個の 2 次元関節情報を含んでいます。

[16] ablation study。機械学習の予測モデル（特に人工ニューラルネットワーク）において，構成要素の一部分を取り除いて実験を行い，結果を比較することを指します。

- **FGD**（Frechet gesture distance）：生成動作と正解動作の間の類似度を評価する尺度で，多くの関連研究 [18, 19] でも使用されています。画像生成タスクの知覚損失（perception loss）と同様，事前学習済みネットワークによって抽出された潜在特徴どうしの距離によって求めます。
- **多様性**（diversity）：A2G [13] と同様に，異なる N 個の動作クリップ[17] の各関節どうしの L1 距離誤差の平均を使用します。
- **同期性**（alignment）：発話音声には音声のビートを計る尺度がないため，楽曲に応じたダンス生成に関する研究 [17] で用いられているビート検出手法にならい，発話音声の RMS [18] を潜在的なビートと見なして，動作との同期性を求めます。

[17] この際，各動作クリップの長さを合わせるために，生成した一連の動作を重複のない 60 フレームずつの動作クリップへと分割します。

[18] Root Mean Square の略称。音のもつエネルギーを平均した値であり，音量の連続性や持続性を評価する指標です。

上記の評価尺度に基づき，他手法と比較評価を行った結果を表 1，表 2 に示します。評価には，それぞれ公開データセットである Trinity データセット [14] と S2G データセット [1] を用いています。いずれの評価尺度においても DisCo が最も優れた値を示しています。

表 1 Trinity データセット [14] を用いた比較評価

	Body			Hands		
	FGD↓	**同期性↑**	**多様性↑**	**FGD↓**	**同期性↑**	**多様性↑**
Speech2Gesture [1]	21.47	0.146	5.99	42.17	0.053	0.048
StyleGestures [12]	22.67	0.072	3.79	56.76	0.036	0.041
SpeechDrivenTemplate [18]	17.13	0.153	7.02	44.35	0.056	0.053
Audio2Gestures [13]	16.97	0.147	6.52	44.96	0.051	0.045
DisCo	**14.08**	**0.158**	**7.39**	**38.63**	**0.059**	**0.061**

表 2 S2G データセット [1] を用いた比較評価

	FGD↓	**同期性**↑	**多様性**↑
Speech2Gesture [1]	4.79	0.059	0.89
StyleGestures [12]	6.03	0.038	0.67
SpeechDrivenTemplate [18]	3.67	0.061	0.83
Audio2Gestures [13]	3.57	0.054	0.81
DisCo	**14.08**	**0.158**	**7.39**

ただし，FGD が良い数値を示していても生成動作の見た目がイマイチというケースは，まだ多く見受けられます。この分野において，より洗練されたジェスチャー動作評価尺度が必要であると感じます。

4 マルチモーダルデータセットの構築

本節では，ジェスチャー動作生成において重要となるマルチモーダルデータセットの構築に関して解説します。近年，ジェスチャー生成に関する研究が活発に行われている背景には，この分野の論文の著者らによるソースコードとデータセットの公開が大きく寄与しています。特に発話音声とジェスチャー動作のデータセットである Trinity [14] と S2G [1] は，多くのジェスチャー動作生成に関する研究で使われており，3 節で解説した DisCo [2] でも使用していますが，解釈可能な情報（アノテーション）や表情，感情の状態が付与されておらず，また，指関節の動作に関してもデータがないものや精度の低いものが多く，こうした不足情報やデータ精度が生成結果の質に大きく影響してしまう問題がありました。発話に応じたリップシンク [20] や感情の状態 [21] といったデータセットは個別で存在していますが，ジェスチャー動作を含んだデータセットは今まで存在していませんでした。

本節で紹介する BEAT [3] は，高品質なジェスチャー動作生成に必要な要件を満たすデータセットの構築に関する論文，およびそれにより得られたデータセットであり，データセットはジェスチャー，表情，音声，テキストで構成された，アクター 30 人，全 76 時間に及ぶ大規模なものになっています[19]。各データはアニメーションの汎用的なデータフォーマットを使っているため，標準のアバターモデルで容易に可視化することができます（図 4）。

[19] BEAT は，Body gesture, Expression, Audio, Text の頭文字をとっています。

近年データセットの重要性がますます増してきていることから，自身の研究やその分野の発展に向けてデータセットを構築することが必要になっています。そこで本節では，自ら信頼できるデータセットを構築し，論文としてまとめる視点で BEAT を解説していきます。

図 4　BEAT データセットに含まれる表情や全身の動作情報を，各アバターモデルにリターゲットして得られた集合写真。各モデルには表情モデルやスケルトンが含まれているため，データをそのまま適用できます。（図は文献 [3] より引用し翻訳）

4.1　データセット論文における貢献ポイント

BEAT は主にデータ設計，データ解析，データを活用したベースライン手法，そして他手法や他データセットとの精度の比較評価という内容で構成されています。

データ設計

データセット論文を書く際には，まずデータセットの要件とその設計を考えます。ここでは，どういった目的でどのようなデータを収集すべきか，そしてそのデータをどう取得・作成するかがポイントとなります。このとき，他のデータセットと比べて量や質，種類などに明確な優位性があるとよいでしょう。BEAT では，表 3 に示すように，取得する関節の数や言語数，意味合いをもった動作のアノテーションやデータ量が長所として挙げられます。特に，動作を指の関節まで正確に取得するために，VICON のモーションキャプチャを図 5 (a) に示すような配置で使用しています。それ以外にも，撮影する場面やアクターの多様性[20] も心がけています。具体的には，図 5 (b)〜(d) に示すように，さまざまな場面での発話音声と動作を取得するために，会話や一人での自由スピーチ，台本による演技といった異なる場面を設定して撮影を行っています。加えて，アクターの文化的背景によるジェスチャーの違いが考えられることから，異なる国籍の人からそれぞれ母国語でデータを取得しています。

[20] ここでは国籍や言語としていますが，もちろん他の観点での多様性もあります。

データ解析による新たな知見の獲得

取得したデータの解析を通じて新たな知見が得られると，論文としての価値が高まります。BEAT では，取得したマルチモーダルデータの各モダリティ間のデータ解析によって，表情と感情の間に強い相関関係があること，ジェスチャー

表 3　公開データセットの比較

データセット	取得方法	様　式						アノテーション		データ量	
		全身	指	表 情	音 声	原文	話者数	感情	意味合い	場面	時間
TED [19]	疑似	9	-	-	英	✓	>100	-	-	1400	97h
S2G [1, 22]	ラベル	14	42	特徴点（2D）	英	-	6	-	-	N/A	33h
MPI [21]	モーキャプ	23	-	-	-	✓	1	11	-	1408	1.5h
VOCA [20]		-	-	メッシュ（3D）	英	-	12	-	-	480	0.5h
Takeuchi [23]		24	38	-	日	-	2	-	-	1049	5h
Trinity [14]		24	38	-	英	✓	1	-	-	23	4h
BEAT [3]	モーキャプ	27	48	表情係数（3D）	英/中/西/日	✓	30	8	✓	2508	76h

表 4　マルチモーダルデータセット間の生成結果の比較（S2G [1], A2G [13]：動作生成手法，GT：正解データ）。本文は p. 86 を参照。

	正確性（全身）			正確性（全身＋指）			多様性			音声との同期		
	S2G	A2G	GT	S2G	A2G	GT	S2G	A2G	GT	S2G	A2G	GT
Trinity [14]	38.8	37.0	43.8	15.3	14.6	11.7	42.1	36.7	40.2	40.9	36.3	46.4
BEAT [3]	61.2	63.0	56.2	84.7	85.4	88.3	57.9	63.3	59.8	59.1	63.7	53.6

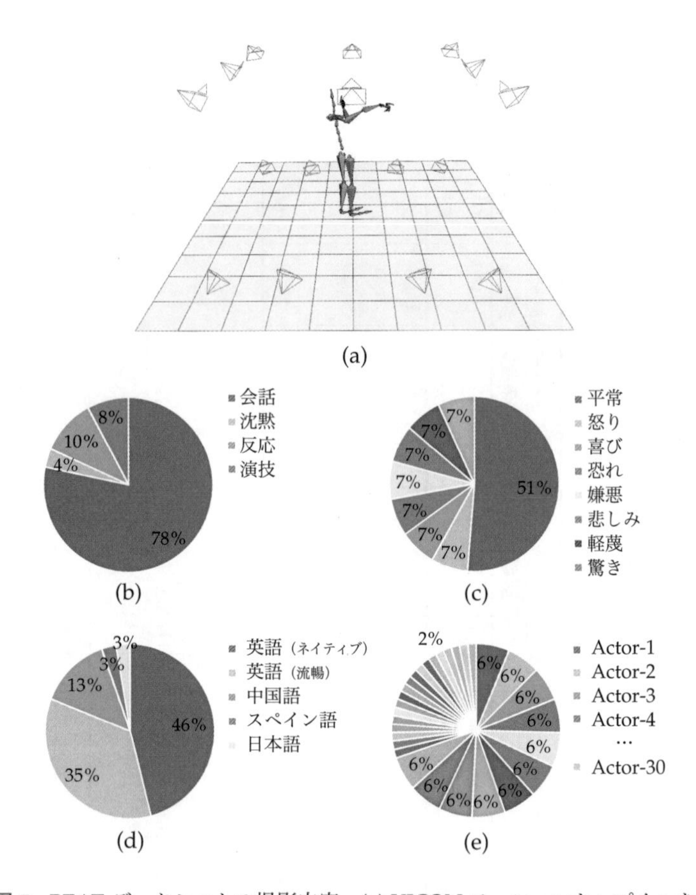

図 5　BEAT データセットの撮影内容。(a) VICON モーションキャプチャを使用したジェスチャー動作撮影の様子。(b) 撮影時のシチュエーション。(c) 演技してもらった感情の種類。(d) 撮影した言語。(e) 各アクターの撮影時間。（図は文献 [3] より引用し翻訳）

動作と話した内容（テキスト情報）の関係にランダム性が高いことを明らかにしています。1 節でも述べたとおり，人のジェスチャー動作は複雑かつ曖昧で不確実なため，今後も多種多様なデータを取得し，モダリティ間の寄与を明らかにしていくことが重要です。

データセットを活用したベースライン手法

取得したデータセットを活用したベースライン手法を提案することにより，今後このデータセットを引用した新たな研究において，比較指標を算出できるようになります。BEAT では，すべてのモダリティを使用してジェスチャーを生成するベースライン手法として，Cascaded Motion Network（CaMN）を提案しています。具体的には，図 6 に示すように，CaMN は各モダリティを独立のネットワークに入れた後に，潜在変数を直列に繋いでデコードしたネットワー

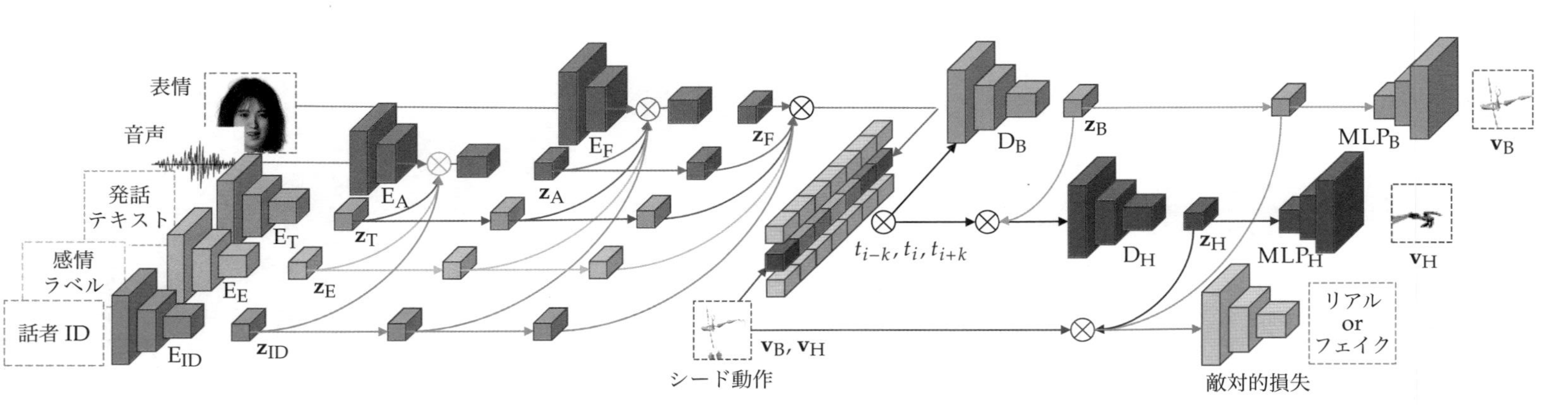

図 6　Cascaded Motion Network（CaMN）のパイプライン図。入力として，取得した表情の重み情報，発話音声，テキスト，アノテーションされた感情情報，そして話者の ID を使用し，すべての情報を直列に繋げたネットワークで設計されています。入力となる 5 つのモダリティに対して，全身と指のシード動作（4 フレーム分）を加え，LSTM 構造のデコーダ（D_B, D_H）より，潜在変数 $\mathbf{z}_B$, $\mathbf{z}_H$ を抽出します。最後に，その両者を MLP への入力とし，最終的な全身と指それぞれの動作を得ます。なお，指の動作の生成に全身の潜在変数も入力することで，全身の動きに合った動きが実現します。損失関数（Loss）としては，ジェスチャーの復元 Loss と敵対的 Loss を用いています。最終的には全身と指を出力し，その結果がリアルかフェイクかを識別器によって判別することで，精度の向上を図っています。（図は文献 [3] より引用し翻訳）

クです。

CaMN 手法の評価のため，BEAT データセットを S2G [1]，A2G [13]，MultiContext [11] に入力して学習させた結果との比較も行います。このとき，入力されるモダリティは手法ごとに異なるため，各手法が使用するモダリティのみを入力します。結果として，表 5 に示すように，FGD や音声との同期性といったすべての観点で，他手法を上回る性能が得られています。

表 5　BEAT データセットを用いた各手法の生成結果に対する評価

	FGD↓	**同期性↑**
Seq2Seq [24]	261.3	0.729
S2G [1]	256.7	0.751
A2G [13]	223.8	0.766
MultiContext [19]	176.2	0.776
CaMN（BEAT）	**123.7**	**0.783**

データの精度比較

構築したデータセットが，表 3 に示した情報量だけではなく，質的にも十分なのかを評価することは重要です。BEAT では，既存のジェスチャー動作生成手法である S2G [1] と A2G [13] を用いて，Trinity データセットと BEAT データセットでそれぞれ学習した生成結果をもとにしたユーザースタディを行っています。その結果は表 4（p. 83）に示すとおり，生成動作の正確性，多様性，音声との同期性という全項目において，Trinity データセットよりも BEAT データセットのほうが高い評価を得ています。

おわりに

本稿では，音声からのジェスチャー動作生成において，動作の多様性と音声との包括性を実現する DisCo [2] と，高品質なマルチモーダルデータセットを構築した BEAT [3] についてフカヨミしました。現時点で，BEAT で示された結果を通して，多種多様なマルチモーダルデータセットを収集することが，複雑で曖昧で不確実なジェスチャー動作をより深く理解するために重要であることが明らかになってきています。その上でジェスチャー動作を多様にしたり，音声との同期性を高めたり，高次元のパラメータによって制御したりするためには，DisCo で解説したような，モダリティ間や分類データ間の解析結果を反映し，モダリティどうしを衝突させない適切なネットワーク設計が重要になります。

今後は，現在話題になっている CLIP [25] や ChatGPT [26] をはじめとした生成 AI 技術が，言語や音声のみならずさまざまな能力を獲得していくでしょう。同様に，本稿で紹介したジェスチャー動作生成も，多種多様な大規模なマルチモーダルデータセットの恩恵により，高品質な動作生成および高次元な動作制御が実現していくはずです。

そのように急速に発展するこの分野で独創性のある研究アイデアを出し続けていくためには，普段の生活の中で起きているさまざまな社会問題や倫理的な問題に目を向け，自分や社会がどうあるべきかについて考えることも重要でしょう[21)]。もちろんさまざまな物事には二面性が存在する難しさがありますが，日頃からその両面のバランス感覚を養うことで，複雑で曖昧で不確実な人と人，人とコンピュータどうしの未来のノンバーバルコミュニケーションのあり方をデザインしていく面白さを実感できると思います。本稿を通じてジェスチャー動作生成やマルチモーダル分野に少しでも興味をもっていただけたなら幸いです。

21) 本稿で紹介した DisCo の DIN も，個々の違いを認め合える社会を望む筆者の希望によるものです。

参考文献

[1] Shiry Ginosar, Amir Bar, Gefen Kohavi, Caroline Chan, Andrew Owens, and Jitendra Malik. Learning individual styles of conversational gesture. In *Computer Vision and Pattern Recognition (CVPR)*. IEEE, 2019.

[2] Haiyang Liu, Naoya Iwamoto, Zihao Zhu, Zhengqing Li, You Zhou, Elif Bozkurt, and Bo Zheng. DisCo: Disentangled implicit content and rhythm learning for diverse co-speech gesture synthesis. In *ACM Multi Media*, 2022.

[3] Haiyang Liu, Zihao Zhu, Naoya Iwamoto, Yichen Peng, Zhengqing Li, You Zhou, Elif Bozkurt, and Bo Zheng. BEAT: A large-scale semantic and emotional multi-modal dataset for conversational gestures synthesis. In *European Conference on Computer Vision*, 2022.

[4] Justine Cassell, Catherine Pelachaud, Norman Badler, Mark Steedman, Brett Achorn, Tripp Becket, Brett Douville, Scott Prevost, and Matthew Stone. Animated conversation: Rule-based generation of facial expression, gesture spoken intonation for multiple conversational agents. In *21st Annual Conference on Computer Graphics and Interactive Techniques*, pp. 413–420. Association for Computing Machinery, 1994.

[5] Sergey Levine, Christian Theobalt, and Vladlen Koltun. Real-time prosody-driven synthesis of body language. In *ACM SIGGRAPH Asia 2009 papers*. Association for Computing Machinery, 2009.

[6] Sergey Levine, Philipp Krähenbühl, Sebastian Thrun, and Vladlen Koltun. Gesture controllers. In *ACM SIGGRAPH 2010 Papers*. Association for Computing Machinery, 2010.

[7] Dai Hasegawa, Naoshi Kaneko, Shinichi Shirakawa, Hiroshi Sakuta, and Kazuhiko Sumi. Evaluation of speech-to-gesture generation using bi-directional LSTM network. In *18th International Conference on Intelligent Virtual Agents*, pp. 79–86. Association for Computing Machinery, 2018.

[8] Youngwoo Yoon, Woo-Ri Ko, Minsu Jang, Jaeyeon Lee, Jaehong Kim, and Geehyuk Lee. Robots learn social skills: End-to-end learning of co-speech gesture generation

for humanoid robots. In *International Conference in Robotics and Automation (ICRA)*, 2019.

[9] Zhe Cao, Gines Hidalgo, Tomas Simon, Shih-En Wei, and Yaser Sheikh. OpenPose: Realtime multi-person 2D pose estimation using part affinity fields. *IEEE Transactions on Pattern Analysis and Machine Intelligence*, Vol. 43, No. 01, pp. 172–186, 2021.

[10] Taras Kucherenko, Patrik Jonell, Sanne van Waveren, Gustav E. Henter, Simon Alexandersson, Iolanda Leite, and Hedvig Kjellström. Gesticulator: A framework for semantically-aware speech-driven gesture generation. In *2020 International Conference on Multimodal Interaction*, pp. 242–250. Association for Computing Machinery, 2020.

[11] Youngwoo Yoon, Bok Cha, Joo-Haeng Lee, Minsu Jang, Jaeyeon Lee, Jaehong Kim, and Geehyuk Lee. Speech gesture generation from the trimodal context of text, audio, and speaker identity. *ACM Transactions on Graphics*, Vol. 39, No. 6, 2020.

[12] Simon Alexanderson, Gustav E. Henter, Taras Kucherenko, and Jonas Beskow. Style-controllable speech-driven gesture synthesis using normalising flows. In *Computer Graphics Forum*, Vol. 39, pp. 487–496. Wiley Online Library, 2020.

[13] Jing Li, Di Kang, Wenjie Pei, Xuefei Zhe, Ying Zhang, Zhenyu He, and Linchao Bao. Audio2Gestures: Generating diverse gestures from speech audio with conditional variational autoencoders. In *IEEE/CVF International Conference on Computer Vision*, pp. 11293–11302, 2021.

[14] Ylva Ferstl and Rachel McDonnell. Investigating the use of recurrent motion modelling for speech gesture generation. In *18th International Conference on Intelligent Virtual Agents*, pp. 93–98, 2018.

[15] Bingyi Kang, Saining Xie, Marcus Rohrbach, Zhicheng Yan, Albert Gordo, Jiashi Feng, and Yannis Kalantidis. Decoupling representation and classifier for long-tailed recognition. In *International Conference on Learning Representations*, 2019.

[16] Andreas Aristidou, Daniel Cohen-Or, Jessica K. Hodgins, and Ariel Shamir. Self-similarity analysis for motion capture cleaning. In *Computer graphics forum*, Vol. 37, pp. 297–309. Wiley Online Library, 2018.

[17] Ruilong Li, Shan Yang, David A. Ross, and Angjoo Kanazawa. AI choreographer: Music conditioned 3D dance generation with AIST++. In *IEEE/CVF International Conference on Computer Vision*, pp. 13401–13412, 2021.

[18] Shenhan Qian, Zhi Tu, Yihao Zhi, Wen Liu, and Shenghua Gao. Speech drives templates: Co-speech gesture synthesis with learned templates. In *IEEE/CVF International Conference on Computer Vision*, pp. 11077–11086, 2021.

[19] Youngwoo Yoon, Bok Cha, Joo-Haeng Lee, Minsu Jang, Jaeyeon Lee, Jaehong Kim, and Geehyuk Lee. Speech gesture generation from the trimodal context of text, audio, and speaker identity. *ACM Transactions on Graphics (TOG)*, Vol. 39, No. 6, pp. 1–16, 2020.

[20] Daniel Cudeiro, Timo Bolkart, Cassidy Laidlaw, Anurag Ranjan, and Michael J. Black. Capture, learning, and synthesis of 3D speaking styles. In *IEEE/CVF Conference on Computer Vision and Pattern Recognition*, pp. 10101–10111, 2019.

[21] Ekaterina Volkova, Stephan De La Rosa, Heinrich H. Bülthoff, and Betty Mohler. The

MPI emotional body expressions database for narrative scenarios. *PloS one*, Vol. 9, No. 12, p. e113647, 2014.

[22] Ikhsanul Habibie, Weipeng Xu, Dushyant Mehta, Lingjie Liu, Hans-Peter Seidel, Gerard Pons-Moll, Mohamed Elgharib, and Christian Theobalt. Learning speech-driven 3D conversational gestures from video. In *ACM International Conference on Intelligent Virtual Agents (IVA)*, 2021.

[23] Kenta Takeuchi, Souichirou Kubota, Keisuke Suzuki, Dai Hasegawa, and Hiroshi Sakuta. Creating a gesture-speech dataset for speech-based automatic gesture generation. In *International Conference on Human-Computer Interaction*, pp. 198–202. Springer, 2017.

[24] Youngwoo Yoon, Woo-Ri Ko, Minsu Jang, Jaeyeon Lee, Jaehong Kim, and Geehyuk Lee. Robots learn social skills: End-to-end learning of co-speech gesture generation for humanoid robots. In *2019 International Conference on Robotics and Automation (ICRA)*, pp. 4303–4309. IEEE, 2019.

[25] Alec Radford, Jong W. Kim, Chris Hallacy, Aditya Ramesh, Gabriel Goh, Sandhini Agarwal, Girish Sastry, Amanda Askell, Pamela Mishkin, Jack Clark, Gretchen Krueger, and Ilya Sutskever. Learning transferable visual models from natural language supervision. In *38th International Conference on Machine Learning*, Vol. 139, pp. 8748–8763. PMLR, 2021.

[26] OpenAI. ChatGPT: Optimizing language models for dialogue, 2022. https://openai.com/blog/chatgpt/.

いわもと なおや（ファーウェイ・ジャパン）

ニュウモン 深層照度差ステレオ法
照明を操り形状を復元！その最新研究に迫る！

■山藤浩明

1　はじめに

コンピュータビジョンで扱う画像は，カメラなどの撮像系を通して，実世界の3次元情報を2次元に射影したものです。3次元復元とは，2次元に射影された情報から3次元の情報を復元する技術であり，ロボットや自動運転車などにおける周辺環境の認識や，製造ラインにおける外観検査，文化財などをデジタルデータとして保存するデジタルアーカイブ化など，さまざまなアプリケーションで活用されています。近年では，実世界を仮想空間で再現するバーチャルリアリティ技術への注目が高まっており，3次元復元技術はその実現のための重要な要素技術の1つです。

国内では，2022年に改正された博物館法[1]で，資料のデジタルアーカイブ化が博物館の事業の1つとして位置付けられ，デジタルでの保存とインターネットを通じた活用を積極的に推進していく国の姿勢が示されています。その際，彫刻や土器などの立体作品のデジタルアーカイブ化には，高精細な3次元復元技術が不可欠です。

コンピュータビジョン研究の世界でも，3次元復元は重要な課題の1つとして，古くからさまざまな手法が研究されてきました。3次元復元の手法として皆さんに最も身近な手法は，二眼ステレオ法でしょう。これは，2つの眼でシーンを立体視する動物と同様に，2台のカメラで対象を撮影し，2視点間の差異，すなわち視差の情報から，三角測量の原理を用いて3次元形状を復元する手法です。特に近年カメラモジュールが安価になったことから，比較的低コストで実現可能な3次元復元手法として，幅広いアプリケーションで活用されています。

二眼ステレオ法のほかにも多種多様な3次元復元手法が研究されている中で，本稿では照度差ステレオ法（photometric stereo）と呼ばれる手法について解説します。照度差ステレオ法では，図1に示すように，1台のカメラと複数の光源を用いて対象シーンを撮影します。たとえば3つの光源を用いる場合，そ

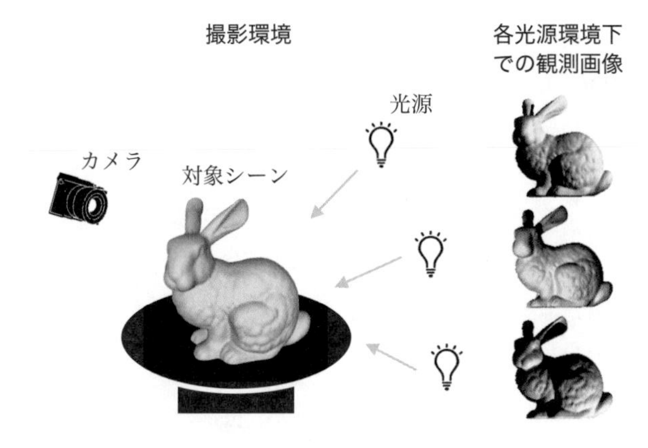

図 1　照度差ステレオ法の撮影環境

れぞれの光源を順に点灯し，3 枚の画像を撮影します。この 3 枚の画像は，視点は固定されていますが，光源環境が変化しており，結果として図のように陰影が変化します。照度差ステレオ法では，この陰影の変化から形状を推定します。固定視点から観測するため，観測画像のピクセルごとに陰影情報が獲得でき，高精細な形状推定ができるという利点があります。照度差ステレオ法の特徴については，2.1 項において詳しく解説します。

照度差ステレオ法は，1980 年代に Woodman [2] や Sliver [3] によって基本的な手法が提案されて以来，さまざまな手法が提案されてきましたが，2017 年に提案された深層学習に基づくデータ駆動型のアプローチ [4] は，推定精度の改善と実用性の向上に大きな役割を果たし，その後多くの発展手法が提案されています。

本稿の目的は，照度差ステレオ法の基本的な原理と，照度差ステレオ法の研究で現在主流となっているデータ駆動型の手法をわかりやすく解説することです。まず，2 節では古典的な照度差ステレオ法の原理を理解するために必要な背景知識について説明します。なお，古典的な手法はすでに丁寧な日本語による解説 [5, 6] が存在するため，2 節の説明は最小限に留め，3 節でこれらの文献では触れられていない最新の手法について詳しく解説します。さらに 4 節では，3 節では説明しきれなかった，より発展した手法を紹介します。

2　照度差ステレオ法

本節では，まず画像を用いた 3 次元復元手法について，幾何的および測光学的という 2 つの切り口から解説します。その後，本稿で主に解説する照度差ステレオ法の撮影条件などを紹介し，古典的な 3 次元復元手法の基礎的な原理について解説します。また，実際に照度差ステレオ法を適用する際に必要となる撮影装置や光源較正について説明します。

2.1　幾何的・測光学的な 3 次元復元手法

画像を用いた 3 次元復元手法は，幾何的な手法と測光学的な手法に大別されます。前述の二眼ステレオ法は幾何的な手法に該当し，本稿で解説する照度差ステレオ法は測光学的な手法に該当します。表 1 にまとめた各手法の特徴について，以下で説明します。

表 1　幾何的/測光学的な 3 次元復元手法の比較

手法	例	大域形状の復元	微細形状の復元	撮影コスト	アプリケーション
幾何	二眼ステレオ法，構造化光法	○	×	○	環境認識（ロボット，車），スマートフォン
測光	照度差ステレオ法	×	○	×	VR，デジタルアーカイブ化

幾何的な 3 次元復元手法

幾何的な手法では，同一点を異なる視点から観測した際に生じる視差の情報から，三角測量の原理でその点までの距離を計測します。ここで問題になるのは，複数の視点から撮影した画像が与えられたときに，どのようにして各画像内に写っている同一の点（対応点）を探すか，ということです。これは対応点探索問題（ステレオマッチング）と呼ばれ，多くの研究がなされています。対応点探索は通常，一定領域の観測輝度から特徴量を計算し，その類似度を求めることで行われます。この方法には，(1) 観測画像のピクセル単位の対応をとることが難しい，(2) 単色の壁など色の変化（テクスチャ）がない点の対応がとれない，そして (3) 反射の強い金属など観測方向によって見え方が変わる点の対応がとれない，といった課題が存在します。対応がとれない点に関しては，形状を推定することができません。

このような課題に対しては，2 台のカメラのうち 1 台をプロジェクタで置き換えるアクティブステレオ法などの手法も提案されています。たとえば，アクティブステレオ法の 1 つである構造化光（structured light）法では，プロジェクタから事前に設計した複数のパターンを投影し，カメラから観測することによって，投影パターンと観測画像間の対応を容易に探索することができます。このアプローチによって，先ほど挙げた (2) と (3) の問題はある程度解消できますが，プロジェクタの解像度の制約から，観測画像のピクセル単位での形状推定を実現することはなお困難です。

結果として，表 1 にまとめたように，ある点までの距離を直接推定できる幾何的な手法は，大域的な形状推定を得意とする一方で，対応点探索の難しさから微細形状の推定が不得意な手法となっています。しかしながら，カメラのみで実現できる撮影コストの低さから，さまざまなアプリケーションで活用されています。特に近年では，対象物体を多視点から撮影した大量の画像を用いて形状を推定する手法は，スマートフォンアプリなどにも実装されています。この手法は，学術的には Structure from Motion [1] と呼ばれる技術を基盤にした 3 次元復元技術で，一般にはフォトグラメトリと呼ばれ，手軽に 3 次元形状を獲得する手段として広く普及しています。

[1] 観測画像からカメラの姿勢と対象物体の形状を同時推定する技術です。

測光学的な 3 次元復元手法

測光学的な手法では，物体表面での光の反射に注目して形状を推定します。物体表面で反射する光は，入射光の方向，物体表面の傾き（法線）および材質（反射特性）によって決まります。これらの関係を表すモデルを画像生成モデルと呼び，測光学的な手法では，この画像生成モデルの逆問題を解くことで，物体の形状，より具体的には物体表面の法線を推定します。法線は形状の 1 次微分の情報を含むため，積分（normal integration）[2] を行うことで形状の情報を復元することが可能です。測光学的な手法の利点は，画像生成モデルが観測画像のピクセルごとに成り立つため，推定もピクセル単位に行うことができ，結果として密な推定結果が得られることです。照度差ステレオ法は，測光学的な 3 次元復元手法を代表する手法の 1 つであり，複数の異なる光源環境下で撮影した画像を用いて，物体表面の法線を推定します。

[2] この積分操作にもさまざまな課題があり，1 つの研究分野として盛んに研究されています [7]。

測光学的な手法には前述のような利点がある一方で，推定した法線を積分すると誤差が蓄積するため，高精度に大域的形状を推定することが難しいという欠点があります。これに対しては，何らかの方法で粗い 3 次元形状を獲得し，法線と組み合わせて用いることで高精細な形状を推定するという手法が有効です。粗い形状を獲得する方法としては，カラー画像と深度を獲得できる RGB-D カメラを用いたり，4.3 項で紹介するように多視点観測と組み合わせるといったアプローチが挙げられます。

また，光源環境を変化させながら撮影するためには，後に示す図 5 で紹介するような撮影装置を用いる必要があり，比較的撮影コストが高いという欠点もあります。こうした特性上，照度差ステレオ法は特に微細形状の獲得を必要とするアプリケーションに適しています。具体的には，実世界の物体を仮想空間に忠実に再現することを目指すバーチャルリアリティ（VR）や，高い精度と忠実度が求められる文化財や美術品のデジタルアーカイブ化などのアプリケーションが挙げられます。

2.2　撮影条件から見る照度差ステレオ法

光源環境が変化したときの陰影の変化を観測して形状を推定するのが，照度差ステレオ法の基本的なアプローチです。この手法は撮影条件，すなわち観測に用いる光源の種類や撮影方法などによって，いくつかのカテゴリに分類されます。本稿では，次の 2 つの観点から照度差ステレオ法を分類して説明していきます。

まず，照度差ステレオ法で用いられる光源には，主に無限遠光源と近接点光源があります（図 2）。無限遠光源とは，点光源[3]が対象シーンから無限遠に存在すると仮定し，観測するシーンのどの点でも入射光方向が同一であると見なすことができる光源です。並行光源とも呼ばれます。これに対して，対象シーンから有限の距離に点光源が存在すると仮定するのが近接点光源です。近接点光源では，観測するシーンの各点で受ける入射光の方向が異なります。無限遠光源を仮定した照度差ステレオ法は，無限遠照度差ステレオ法（distant-light/far-field photometric stereo）または単に照度差ステレオ法と呼ばれ，近接点光源を仮定した手法は，特に近接照度差ステレオ法（near-light/near-field photometric stereo）と呼ばれます。

[3] 点光源とは，体積のない 1 点から光を放射していると仮定する光源です。

次に，光源条件が既知か未知かという違いがあります。ここでの光源条件とは，前述の無限遠光源においてはその入射光方向，近接点光源においてはその光源位置を指します。2.5 項で詳しく解説しますが，光源較正を行うことでこれらを推定できます。多くの手法では事前に光源較正を行い，これらを既知として法線の推定に進みますが，光源条件を未知として推定することもでき，その場合，光源較正を行う必要がありません。光源較正を経て光源条件を既知として推定を行う手法は，較正済み照度差ステレオ法（calibrated photometric stereo）または単に照度差ステレオ法と呼ばれ，光源情報を未知とする手法は，未較正照度差ステレオ法（uncalibrated photometric stereo）と呼ばれます。

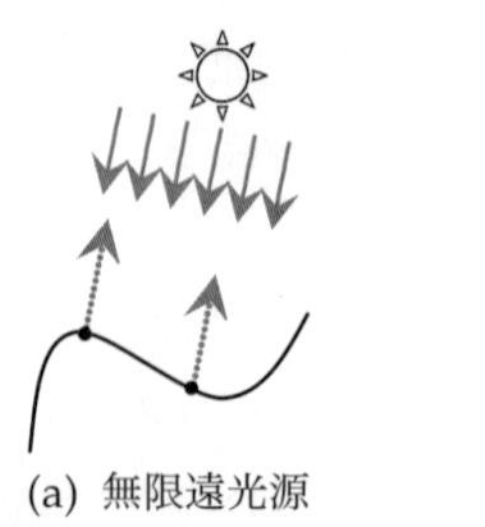
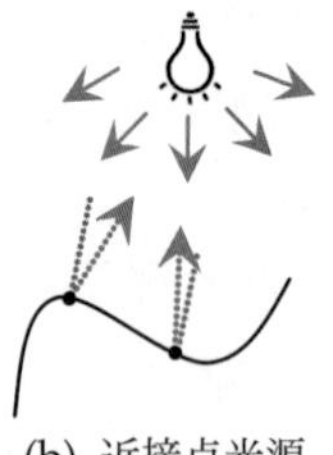

(a) 無限遠光源　(b) 近接点光源

図 2　無限遠光源と近接点光源の違い。(a) 無限遠光源環境下ではシーン中のすべての点において入射光方向は同一になります。一方，(b) 近接点光源環境下では，点の位置によって入射光方向が異なります。

2.3 項および 3 節では，一般に照度差ステレオ法と呼ばれる，無限遠光源を仮定した較正済み照度差ステレオ法について解説します。また，4 節においては，近接照度差ステレオ法や未較正照度差ステレオ法など，発展的な最新の手法について解説します。

2.3 古典的な照度差ステレオ法

本項では古典的な照度差ステレオ法の原理について解説します。導入として，まず古典的な手法において用いられてきたランバート（Lambert）拡散反射モデル [8] について説明します。ランバート拡散反射モデルは，完全な拡散反射をモデル化した最もシンプルな反射モデルの 1 つで，入射した光がすべての方向に均一に反射（等方拡散反射）することを仮定しています（図 3）。ある点が受ける光の強さはその点の法線と入射光方向の内積[4] によって表せるため，ランバート拡散反射モデルに従うある点の観測輝度 $m \in \mathbb{R}_+$ [5] は，次の式で表せます。

$$m = \rho \mathbf{s}^\top \mathbf{n} \tag{1}$$

ここで，$\mathbf{s}$ と $\mathbf{n} \in \mathbb{R}^3$ はそれぞれ入射光方向と法線方向を表す 3 次元の単位ベクトルを，また $\rho \in \mathbb{R}_+$ は非負実数であるランバート拡散反射率を表し，この式を画像生成モデルと呼びます。ランバート拡散反射モデルでは，等方拡散反射を仮定しているので，ランバート拡散反射率 ρ は入射光方向や観測方向に依存しない定数となります。

ここで，図 1 のように 3 つの異なる入射光方向から光を当てて 3 枚の画像を撮影するとし，ある 1 ピクセルに着目して 3 枚の画像から得られる 3 つの観測を考えてみましょう。ここでは各光源の入射光方向を $\mathbf{s}_1, \mathbf{s}_2, \mathbf{s}_3$ とし，得られた観測輝度をそれぞれ m_1, m_2, m_3 とします。この点の法線 $\mathbf{n}$ とランバート拡散

[4] ランバートの余弦則と呼ばれます。

[5] 観測輝度と光源の強さの関係には曖昧性があります。具体的には，撮影するカメラの露光時間と光源の強さを同時に変更することで，異なる条件下でまったく同じ観測輝度を得ることができます。本稿では，光源の強さを 1 と正規化して議論を進めます。また，簡単のため，グレースケールの観測輝度を考えます。

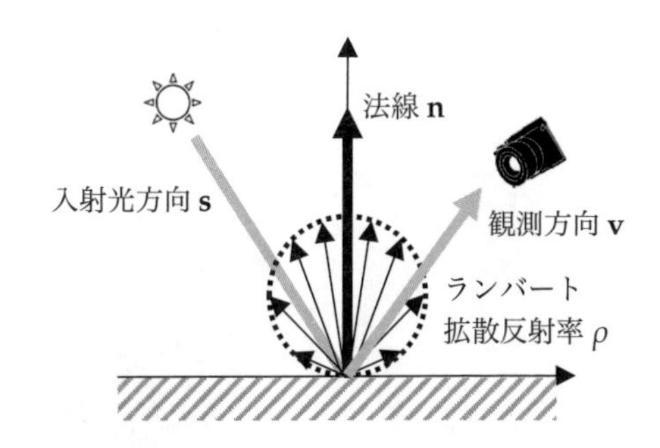

図 3　ランバート拡散反射モデル [8]。方向 $\mathbf{s}$ から入射した光が，法線方向が $\mathbf{n}$ の表面で反射します。等方拡散反射を仮定するため，観測輝度は観測方向 $\mathbf{v}$ には依存しません。入射光と反射光の強さの比が，ランバート拡散反射率 ρ によって定義されます。

反射率 ρ は光源条件の変化に依存しないので，次のような関係式を得ることができます。

$$\underbrace{\begin{bmatrix} m_1 \\ m_2 \\ m_3 \end{bmatrix}}_{\mathbf{m} \in \mathbb{R}^3} = \underbrace{\begin{bmatrix} \mathbf{s}_1^\top \\ \mathbf{s}_2^\top \\ \mathbf{s}_3^\top \end{bmatrix}}_{\mathbf{S}^\top \in \mathbb{R}^{3\times 3}} \underbrace{\rho \mathbf{n}}_{\tilde{\mathbf{n}} \in \mathbb{R}^3}$$

較正済み照度差ステレオ法では，光源較正を事前に行うことで，入射光方向ベクトルを並べた入射光行列 $\mathbf{S}^\top$ が既知であると仮定します。この $\mathbf{S}^\top$ が逆行列をもつとき，ランバート拡散反射率 ρ によってスケールされた法線ベクトルである疑似法線ベクトル $\tilde{\mathbf{n}}$ は，次のように求めることができます。

$$\tilde{\mathbf{n}} = (\mathbf{S}^\top)^{-1} \mathbf{m}$$

法線ベクトル $\mathbf{n}$ は単位ベクトルとわかっているので，この疑似法線ベクトル $\tilde{\mathbf{n}}$ から法線ベクトル $\mathbf{n}$ とランバート拡散反射率 ρ は，次のように求まります。

$$\begin{cases} \rho = ||\tilde{\mathbf{n}}||_2 \\ \mathbf{n} = \dfrac{\tilde{\mathbf{n}}}{\rho} \end{cases}$$

光源数が 3 より大きいときは，入射光行列 $\mathbf{S}^\top$ の疑似逆行列を計算することで同様に法線が求まり，逆に 3 未満のときは解が得られません。また，入射光方向ベクトルが同一平面上に存在する場合も，入射光行列 $\mathbf{S}^\top$ が縮退して解が一意に定まらないため，撮影時の光源配置として避ける必要があります。この式からわかるように，照度差ステレオ法ではピクセルごとに観測 $\mathbf{m}$ から対応する法線 $\mathbf{n}$ を推定することができます。ピクセルごとに推定した法線を並べたものを法線マップと呼び，図 4 のように可視化します。

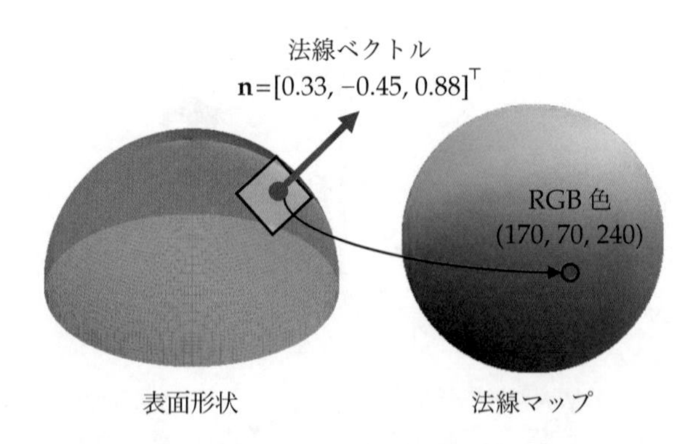

図 4　半球の法線マップ。−1 から 1 の値をとる法線ベクトルの xyz 成分を 0 から 255 の値に正規化して，赤緑青（RGB）にマッピングして可視化します。

2.4　撮影セットアップ

照度差ステレオ法の撮影では，一般に 1 台のカメラと複数の光源を固定した撮影装置が用いられます。近年では，安価で制御性が良く，十分な光量を確保できることから，光源として LED がよく利用されます。図 5 に過去の研究で用いられた装置の写真を示します。これらの装置では数十から数百の LED を用いていますが，必ずしもこれだけ多くの光源が必要というわけではなく，近年では 10 個程度と比較的少ない光源を使用した場合でも高精度に推定できる手法が提案されています。これらの LED は，カメラの撮影と同期して点灯・消灯を制御する必要があることから，研究でのプロトタイピングでは Arduino などのマイクロコントローラを用いてコンピュータから制御します。

光源の配置

光源の配置については，過去に特定の条件下における最適な配置を探る研究 [14, 15] はなされてきましたが，任意の形状と反射特性をもつ物体に対する最適な配置というものはわかっていません。もっとも，実際のところ，物理的な制約から空間中に任意に光源を配置することは難しく，カメラのレンズ周囲にプリント基板などによって固定する方法が現実的です。一部の研究では，円形 [16, 17] や上下左右対称 [12]（図 5 (b) や (e)）など，光源配置に工夫を加える手法も提案されています[6]。

[6] 背景として，近年では安価にプリント基板を製作できるようになり，基板平面上であれば比較的正確な位置に LED が配置できる，という点があります。

2.5　光源較正（キャリブレーション）

光源較正そのものは照度差ステレオ法の一部ではありませんが，前述のように，多くの手法は事前に光源較正を行うことを想定しています。本項では，無限遠光源については入射光方向を，また近接点光源については光源位置を推定する（図 2 参照），幾何的な光源較正手法について解説します。照度差ステレオ法の撮影セットアップでは，前項で紹介したように，多くの場合カメラの周辺にカメラと同じ向きに光源を設置します。このとき，カメラから光源を直接観測することはできないため，何らかの参照物体を観測することで間接的に推定する必要があります。これまでの研究では，鏡面球 [18] や平面鏡 [19] 上の鏡面反射を利用する手法や，影を利用する手法 [20] が提案されています。

鏡面反射を用いた光源較正手法

鏡面反射を用いる手法では，鏡面球および鏡面鏡のいずれを用いる場合でも，図 6 のように鏡面反射が生じている点の 3 次元位置と法線方向がわかれば，入射光の方向を推定することができます。これは，鏡面反射は入射光方向と観測

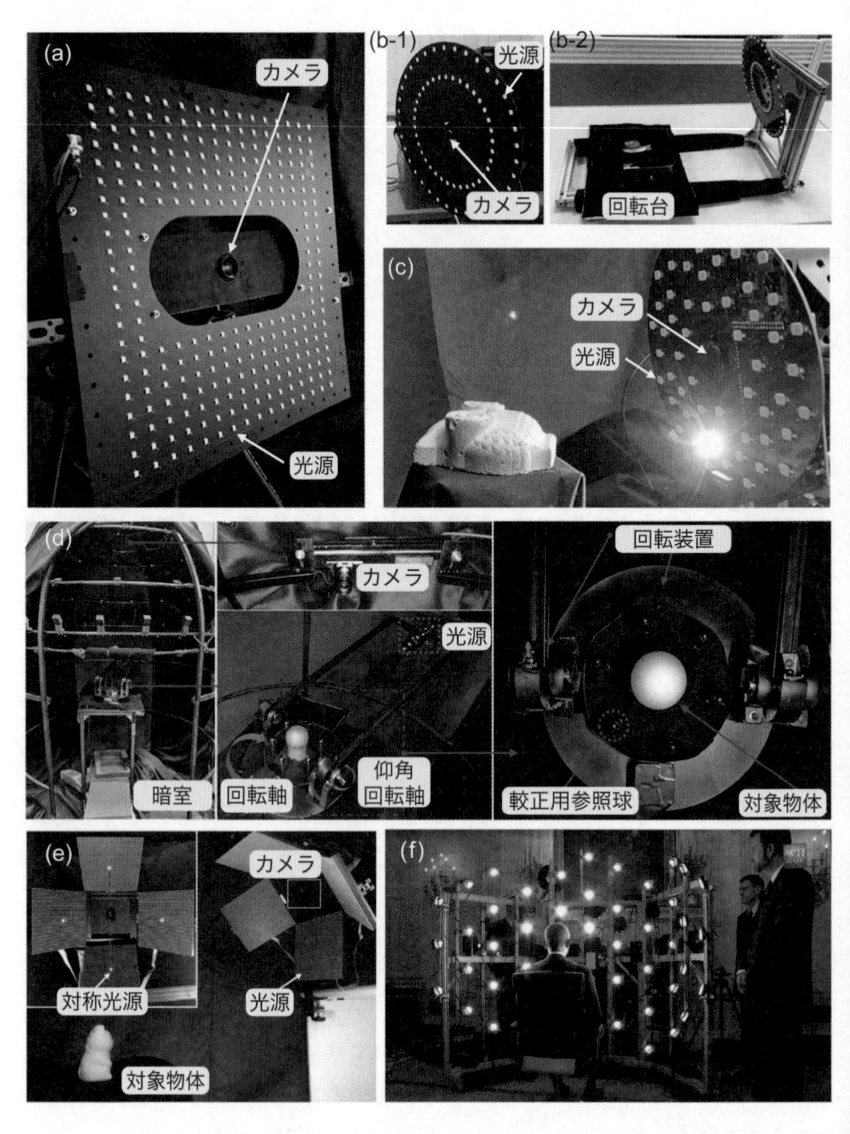

図 5　照度差ステレオ法の撮影装置。(a) 著者らが開発した装置。(b) 2 重の円形に配置された光源を用いる装置 [9]。回転台と組み合わせることで，対象物体を全周から観測できます。(c) 近接点光源環境を想定した撮影装置 [10]。(d) 高精度に位置制御できる光源を駆動しながら撮影する装置 [11]。(e) 対称光源を想定した撮影装置 [12]，(f) バラク・オバマ米国大統領（当時）をスキャンし，胸像を製作するために用いられた装置 [13]。照度差ステレオ法を含む複数の 3 次元復元手法を用いるため，光源やカメラなどを組み合わせた複合的な撮影装置となっています。(図中の注釈は著者が追加・翻訳したものです)

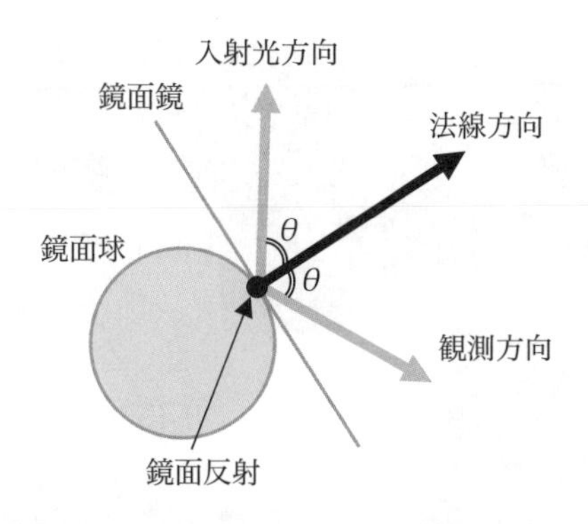

図 6　鏡面球や鏡面鏡における鏡面反射

方向が正反射となるとき，つまり法線に対して入射光方向と観測方向が対称になるときに観測されるためです。観測方向については，事前にカメラの内部パラメータ7) を較正することで既知とします。図 7 に既存研究における実験セットアップを示します。図 (a) のように鏡面球を用いる場合は，球の直径が既知であると仮定し，画像中の球の境界に対してフィッティングを行うことで，球の位置を推定します。鏡面鏡を用いる場合は，図 (b) のように鏡面鏡に 2 次元マーカーを貼付して，鏡の姿勢を推定します。1 つの鏡面反射からは，その点から見た入射光方向しか求められませんが，球を用いる場合は図 (a) のように複数の球を設置することで，また，鏡面鏡を用いる場合は鏡の姿勢を変えながら複数枚の画像を撮影することで，光源位置を推定できます。

7) 内部パラメータには，レンズの焦点距離や光軸中心などの情報が含まれます。チェッカーボードを用いた較正手法 [21] などが存在します。

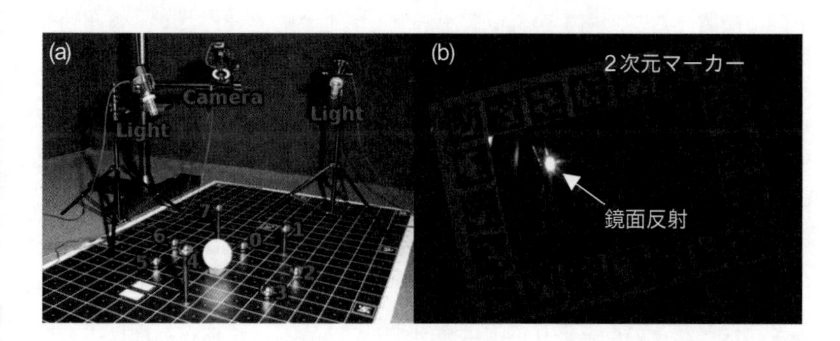

図 7　鏡面反射を用いた光源の幾何的較正手法。(a) 複数の鏡面球（図中 0 から 7 までの 8 個）を用いる手法 [18]。(b) 鏡面鏡を用いる手法 [19]（画像は [20] より引用）。

影を用いた光源較正手法

影を用いる手法では，図 8 に示すような平面板とまち針を組み合わせた参照物体を用いる手法 [20] が提案されています。光源と影，そして影を生じさせるピンヘッドは同一直線上に存在することから，ピンヘッドと影の位置がわかれ

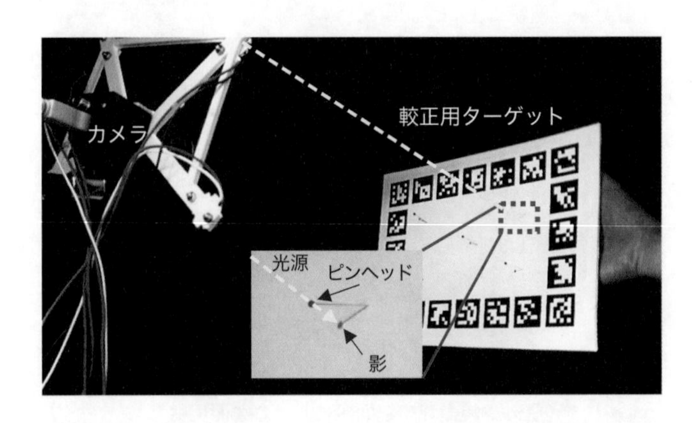

図 8　影を用いた光源の幾何的較正手法 [20]。姿勢を検出するための 2 次元マーカーが貼付された板にまち針を刺し，まち針の先端（ピンヘッド）の影を観測します。

ば入射光方向を推定できますが，この手法では，ピンヘッドの位置を未知として，平面板に投影される影のみを観測することで，ピンヘッドの位置と光源の位置を同時に推定します。この問題は，1 点から光を発し，物体を平面に影として射影する点光源が，ピンホールカメラと同じようにモデル化できる[8] ことに着目すると，多視点画像からカメラ姿勢と物体形状を同時推定する Structure from Motion（SfM）と同じ枠組みで定式化でき，解くことができます。結果として，点光源の姿勢（光源方向または光源位置）とピンヘッドの位置を同時推定します。ピンヘッドの位置が未知であることを前提としているため，まち針を正確に配置したり，あとから位置を計測したりする必要がなく，参照物体を製作するコストが大幅に低減されました。なお，平面に貼付しているマーカーは，平面鏡を用いた手法と同様に，影が投影される面の姿勢を検出するために使用され，参照物体の姿勢を変えながら複数枚の画像を撮影することで推定を行います。

[8] 射影幾何の観点では，いずれも 3 次元から 2 次元の射影であり，射影行列の掛け算によってまったく同じように表現することができます。

鏡面反射を用いる手法に対して，影を用いる手法の利点は，影の大きさを容易に制御できるという点です。鏡面反射や影を画像から検出するとき，その点が小さいほど，その点をより正確に検出することができます。鏡面反射を用いる場合，その大きさはカメラの露光時間によって調整可能ですが，露光時間を短くしすぎると，球の境界や鏡上のマーカーを検出できなくなってしまいます。一方で，影の場合は，ピンヘッドの大きさを小さくすることで，影の大きさも小さくすることができます。実験的にも，平面鏡を用いる手法に対して，影を用いる手法のほうが光源位置を高精度に推定できることが報告されています。

3 深層照度差ステレオ法

2.3 項では，ランバート拡散反射モデルに基づいた照度差ステレオ法を紹介しました。ランバート拡散反射モデル（式 (1)）では，理想的な等方拡散反射を仮定し，したがってその特性はランバート拡散反射率 ρ によって記述されますが，実世界においてこの仮定を完全に満たす物体は存在せず，たとえば金属などの鏡面反射や陶器などの非常に細かい凹凸のある表面での反射などは正しく表現することができません。これらをランバート拡散反射モデルに従わないという意味で，非ランバートな反射と呼ぶことがあります。照度差ステレオ法を実世界で実用的に用いるためには，この非ランバートな反射を正しく扱う必要があります。そのために，2.3 項での議論を一般化することを考えます。一般に物体表面での光の反射率は，光の入射光方向および反射光方向の両方に依存する関数（双方向反射率分布関数; bidirectional reflectance distribution function; BRDF）によって記述されます。このとき，画像生成モデルは

$$m = b(\mathbf{s}, \mathbf{n}, \mathbf{v})\mathbf{s}^\top \mathbf{n}$$

と記述できます。ここで，$\mathbf{v}$ は観測方向を表し，$b(\mathbf{s}, \mathbf{n}, \mathbf{v})$ は入射光方向，法線方向および観測方向に依存する BRDF を表します。

これまでの研究では，非ランバートな反射を扱う手法として，大きく次の 2 つのアプローチが試みられてきました。1 つ目は，ランバート拡散反射モデルに従う拡散反射成分が支配的であり，非ランバートな反射成分は外れ値的に存在すると仮定して，ロバスト推定の枠組みで推定するアプローチ [22, 23, 24, 25, 26] です。そして，2 つ目はランバート拡散反射モデルにおいて $b(\mathbf{s}, \mathbf{n}, \mathbf{v}) = \rho$ だった BRDF を，より複雑な関数で置き換えるというアプローチ [27, 28, 29, 30] です。これらの手法の詳細は過去の解説記事 [31] などに譲りますが，いずれの手法も反射について一定の仮定を置いているため，その仮定に従わない観測に対しては精度が低下してしまうという問題があり，実世界の幅広い複雑な反射を十分に扱える手法は存在しませんでした。

さらに，上の式では実際の観測で発生する影や相互反射（図 9）という現象が考慮されていません。これらを含めた画像生成モデルは次のようになります。

$$m = c \cdot b(\mathbf{s}, \mathbf{n}, \mathbf{v}) \max(\mathbf{s}^\top \mathbf{n}, 0) + \epsilon \tag{2}$$

ここで考慮する影は 2 種類あります。1 つ目が $\max(\cdot)$ によって表現されるアタッチドシャドウ，つまり入射光方向と物体表面の法線方向のなす角が 180 度を超える場合に発生する影です。このとき入射光方向と法線方向の内積が負になりますが，負の輝度というものは存在せず，単にその面には光が当たらない

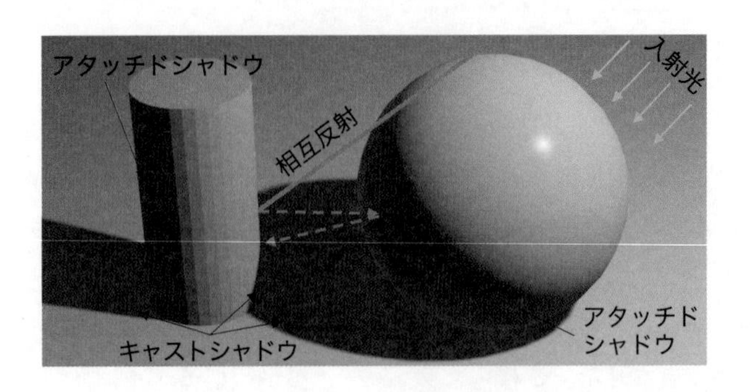

図9　2つの影（アタッチドシャドウとキャストシャドウ）と相互反射

だけなので，輝度値は0となります。2つ目は，c によって表現されるキャストシャドウ，つまり物体が光を遮った場合の影です。周囲にある物体によって光が遮られる場合に $c = 0$ となり，他の場合は $c = 1$ となります。前者のとき，上式から輝度値は0となります。相互反射とは，一度反射した光が再度物体に入射する現象であり，上式ではこれを ϵ によって記述しています。ここで，特にキャストシャドウと相互反射は，注目している点の形状に依存しない現象であることに注意が必要です。このような現象を大域照明（global illumination）効果と呼びます。大域照明効果は，注目点の局所的な形状に依存せず，またカメラの画角の外にある物体による反射の影響も受けます[9]。

[9] 相互反射を軽減するために，実験環境では，対象物体以外の物体を可能な限り遠ざけたり，反射の強い箇所にはマスキングをするなどの工夫をします。

このように，シンプルなランバート拡散反射モデルから始まった照度差ステレオ法も，実世界の反射をより正確に考慮しようとすると，非常に複雑なモデル化が必要になることがわかります。これまでの研究では，これらをパラメトリックな関数として近似的にモデル化し，最適化問題として解いてきましたが，深層学習の登場により，データ駆動型の新たなアプローチ [4] が提案されました。このアプローチでは，照度差ステレオ法で解く画像生成モデルの逆関数 F，すなわち

$$\mathbf{n} = F(\mathbf{M}, \mathbf{L}; \theta) \tag{3}$$

をニューラルネットワークで直接モデル化し，パラメータを学習します。ここで，θ が学習するニューラルネットワーク F のパラメータであり，$\mathbf{M}$ と $\mathbf{L}$ はそれぞれ観測輝度と入射光方向の情報です。ここではあえて $\mathbf{M}$ や $\mathbf{L}$ として抽象的に表現していますが，これは手法によって観測輝度や入射光方向のデータ表現に異なる工夫がなされているためです。

本節では，特にこのデータ表現という切り口から，最新研究を理解するために不可欠な手法を，順を追って解説します。また，データ駆動型の手法において不可欠な学習データセットについても解説し，最後に評価用のデータセットおよびその1つを用いたベンチマーク評価の結果を紹介します。

3.1 データ表現とネットワーク構造

法線の推定を回帰問題としてモデル化した式 (3) をニューラルネットワークで表現する際のポイントの 1 つは，観測輝度 $\mathbf{M}$ と入射光方向 $\mathbf{L}$ をどのように表現するかです。なぜなら，照度差ステレオ法においては光源の数，すなわち入力画像の枚数や，光源の配置は，撮影装置に依存して変わりうるからです。さらに，撮影する光源の順番は特別な意味をもたないため，可変長で，かつ順不同の入力データを扱う必要があります。

Santo らが提案した初期の手法である Deep Photometric Stereo Network（DPSN）[4] では，f 個の光源環境下で観測したある 1 ピクセルの観測輝度を並べた観測輝度ベクトル $\mathbf{m} \in \mathbb{R}^f_+$（図 10 (a)）を入力として，法線を回帰するネッ

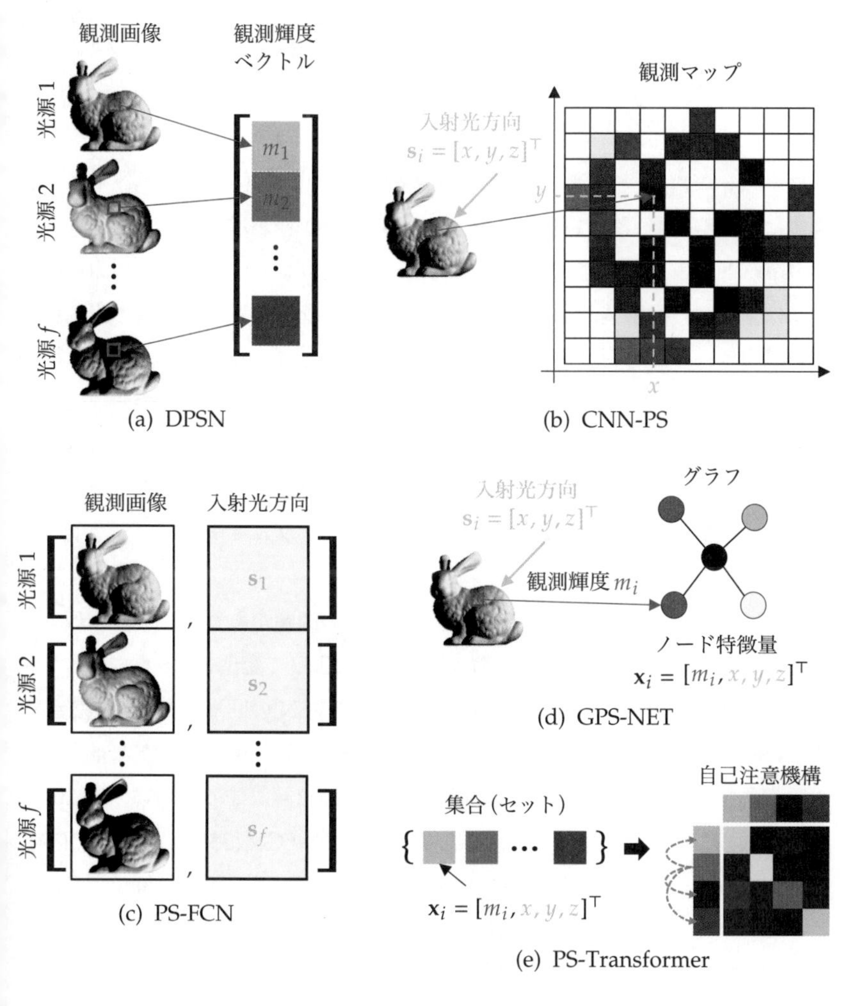

図 10　深層照度差ステレオ法におけるデータ表現。(a) DPSN [4]，(b) CNN-PS [32]，(c) PS-FCN [33]，(d) GPS-NET [34]，(e) PS-Transformer [35]。

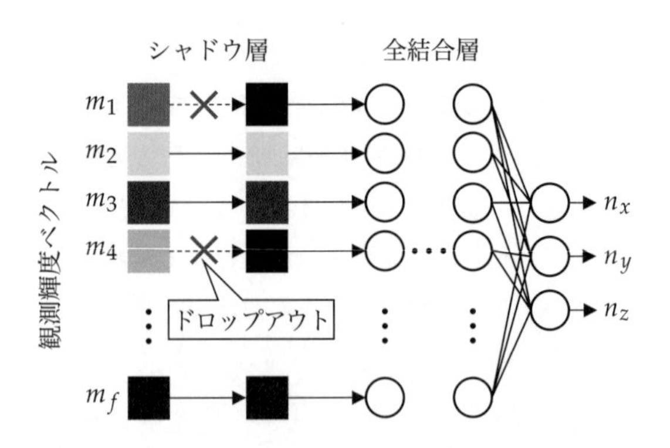

図 11　DPSN [4] の概要。光源 1 から光源 f までの観測画像の 1 ピクセルの輝度値を並べて観測輝度ベクトルを生成します。これを全結合層に入力し，3 次元の法線ベクトルを出力します。DPSN では，大域照明効果の 1 つであるキャストシャドウをシミュレーションするシャドウ層を提案しています。これは学習時に用いられ，一部の入力をランダムに 0 に書き換える操作（ドロップアウト [36]）によってキャストシャドウを再現します。

トワーク $\mathbf{n} = F(\mathbf{m})$ を学習させる手法が提案されました（図 11）。ネットワーク構造には全結合層（full connected layer; FC layer）[10] が用いられました。この推定ネットワークは，観測輝度のみを入力としています。これは，入力の撮影画像は常に同じ撮影装置によって撮影される，すなわち既知の固有の光源環境下で撮影されることを想定して回帰モデルを学習しており，したがって，観測輝度ベクトル $\mathbf{m}$ のインデックスが入射光方向の情報を暗に示していることになります。この手法は，照度差ステレオ法を回帰問題として定式化した最もシンプルな手法ですが，さまざまな反射特性をもつ非ランバートなシーンに対する大幅な推定精度の改善を実現し，データ駆動型のアプローチの有用性を明らかにしました。

一方で，実用上の課題として，入力の柔軟性の問題がありました。本項の最初に述べたように，光源の数や配置は撮影装置によって変化し，それに伴って観測輝度ベクトルの次元が変化してしまうため，DPSN の回帰モデルは撮影装置ごとに固有のものであることから，撮影装置を変更した場合に新たな推定モデルの学習をやり直す必要があります[11]。この問題を解決するために，図 10 (b)〜(e) に示す 4 つのアプローチ，CNN-PS [32]，PS-FCN [33]，GPS-NET [34]，PS-Transformer [35] が提案されています。これらはいずれも，一度学習したモデルを用いて，配置が既知の，任意の数の光源環境下で撮影した画像を入力して推定を行うことができます。以下ではそれぞれのアプローチを解説します。

[10] 複数の全結合層から構成されるニューラルネットワークは，多層パーセプトロン（multi layer perceptron; MLP）とも呼ばれます。

[11] 一方で，図 5 で紹介したように多くの撮影セットアップにおいて光源とカメラの位置関係は固定されているため，装置固有の推定モデルであったとしても一度学習するだけでよく，大した問題ではないという考え方もあります。

観測マップによる手法（CNN-PS）

Ikehata による CNN-PS [32] では，ある 1 ピクセルの複数光源環境下での観測を 1 つの 2 次元マップで表現する観測マップ（observation map）という表現が提案されています（図 10 (b)）。この観測マップは，画像と同じように固定サイズの 2 次元マップで，マップ内の 1 点が 1 つの観測輝度を表します。ここで，$w \times w$ の観測マップ $\mathbf{O}$ を考えてみましょう。i 番目の光源の入射光方向 $\mathbf{s}_i$ が $[x, y, z]^\top$（ただし $x^2 + y^2 + z^2 = 1$）で，そのときの観測輝度が m_i だったとき，この 1 観測を観測マップ $\mathbf{O}$ の座標 (u, v) に，次のように射影します。

$$\begin{cases} u = \mathrm{int}\left(w\dfrac{x+1}{2}\right) \\ v = \mathrm{int}\left(w\dfrac{y+1}{2}\right) \end{cases}$$

これは -1 から 1 までの値をとる座標 (x, y) を 0 から w までの範囲に正規化し，さらに $\mathrm{int}(\cdot)$ 関数によって実数値を整数値に丸めたものです。ここで，入射光方向ベクトルは 3 次元で表現していますが，単位ベクトルであり 2 自由度しかもたないため，情報の欠落なく[12] 2 次元のマップ上に射影することができます。この u, v を用いて，観測輝度 m_i を観測マップ $\mathbf{O}$ 上で表現します。

$$\mathbf{O}_{(u,v)} = m_i$$

このようにすべての観測を観測マップ $\mathbf{O}$ 上に射影することで，ある 1 ピクセルの任意の数の観測を固定次元の 2 次元マップで表現することができます。一度観測マップという 2 次元のマップとして表現できれば，一般的な画像と同様に 2 次元の畳み込みニューラルネットワーク（convolutional neural network; CNN）を用いて特徴を抽出し，最終的に MLP によって法線を推定することができます（図 12）。

この観測マップのユニークな点は，入射光方向を離散化して格子状の 2 次元マップ上に表現した点であり，特に光源数が比較的多い条件（たとえば 100 光源）において高精度な推定が可能です。一方で，10 光源など光源数が少ない条件では，推定精度が大きく低下してしまいます。これは観測マップの中の非ゼロ要素，すなわち観測が代入されている要素が少なく，観測マップがまばら（疎）になってしまうため[13] と考えられます。

この問題に対処するために，SPLINE-NET [38] では，疎な観測マップを補間するというアプローチが提案されています（図 13）。具体的には，光源補間ネットワークと法線推定ネットワークの 2 つを用いて，まず，入力である疎な観測マップから密な観測マップを推定し，次に，入力の疎な観測マップと推定した密な観測マップの両方を入力として法線を推定することで，疎な入力に対して

[12] 厳密には，$\mathrm{int}(\cdot)$ による離散化によって一意性は失われており，さらに異なる観測でも入射光方向が近傍の場合，観測マップ上の同じピクセルに射影されることはあり得ます。

[13] 観測マップの解像度 w を小さくすることで，相対的に密な観測マップを生成できますが，その場合，入射光方向の解像度が下がってしまうという問題があります。

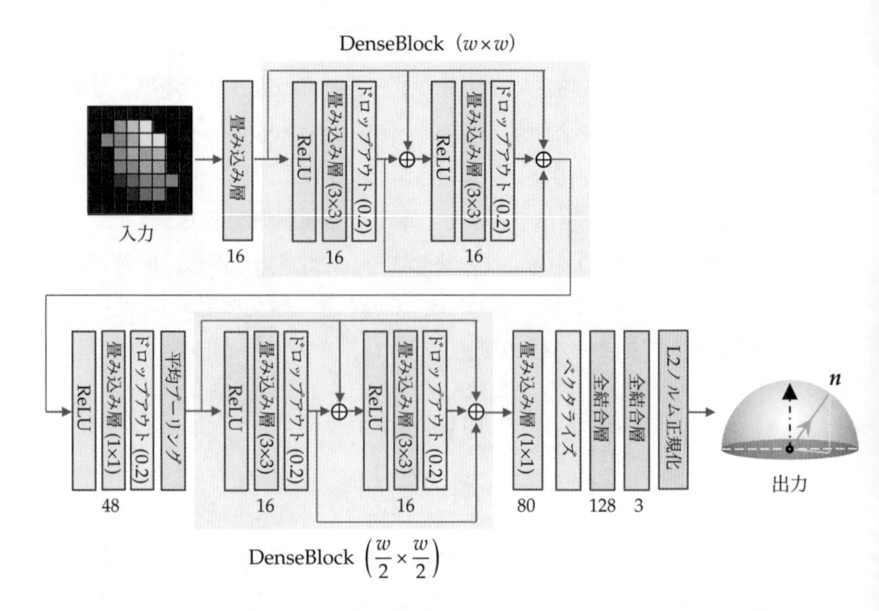

図 12　CNN-PS [32] の概要図（論文より引用し翻訳）。ネットワーク構造は DenseNet [37] がもとになっています。$w \times w$ の観測マップ（論文中では $w = 32$）を入力として法線ベクトルを推定します。

も高精度な推定を可能にしました。また，本項で後述する，グラフ構造を用いた GPS-NET [34] や注意機構を用いた PS-Transformer [35] などにおいても，特に観測が少数の場合における精度の改善が 1 つの着目点となっています。

画像特徴マップによる手法（PS-FCN）

Chen らが提案した PS-FCN [33] は，各光源環境下で撮影された画像ごとに特徴量抽出を行う手法です。ある 1 光源環境下で撮影し，解像度が $H \times W$ でチャンネル数が C[14] の観測画像 $\mathbf{M} \in \mathbb{R}^{H \times W \times C}$ と入射光方向ベクトル $\mathbf{s} \in \mathbb{R}^3$ が与えられたとき，観測画像 $\mathbf{M}$ の各ピクセルのチャンネル方向に 3 次元の入射光方向ベクトルを連結し，$\mathbf{M}' \in \mathbb{R}^{H \times W \times (C+3)}$ というマップ（図 10 (c)）を生成します。このマップ $\mathbf{M}'$ を図 14 に示すような CNN に入力し，画像特徴マップを計算します。各光源環境下での観測画像ごとに，重みを共有した CNN を用いて独立に画像特徴マップを計算した後に，最大値プーリング（max pooling）を用いてそれらを 1 つの画像特徴マップに集約します。最大値プーリングは入力の数や順番には依存しないことから，光源の個数や順番に依存せずに画像特徴マップを集約することができます。最後に，集約した画像特徴マップから CNN を用いて法線マップを推定します。

14) 原論文では $C = 3$ のカラー画像を入力することを想定しています。

PS-FCN の特徴として，空間的な畳み込みによって隣接するピクセル間の情

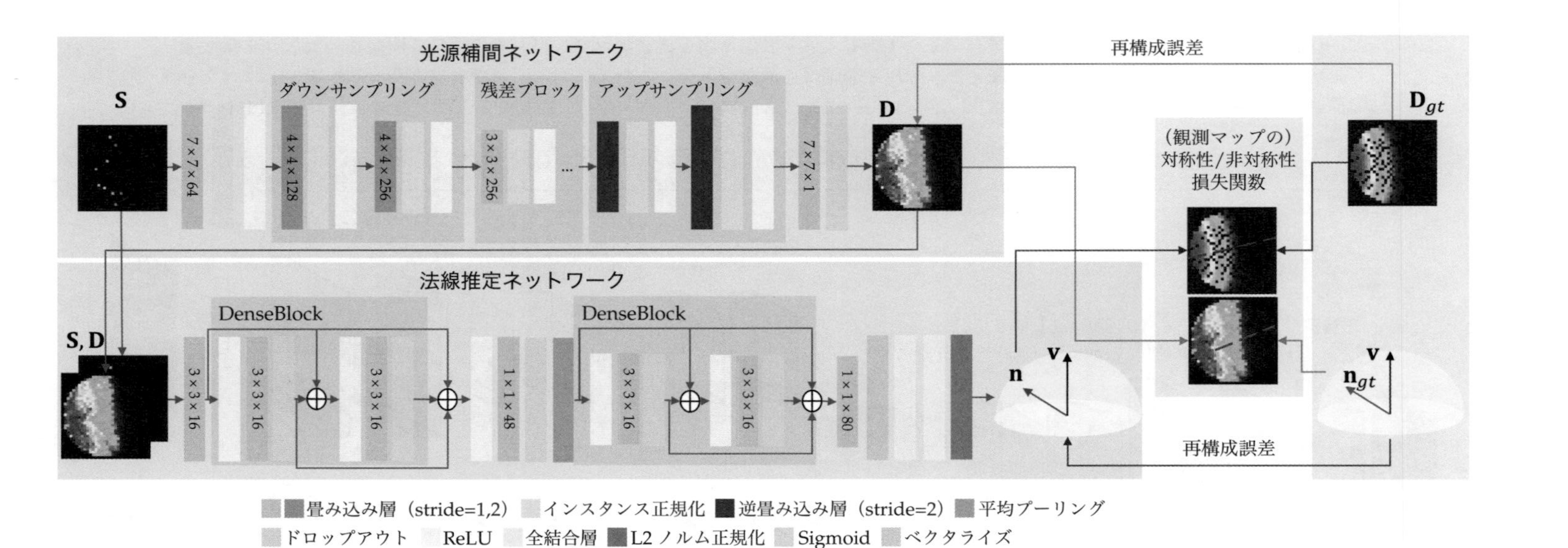

図 13　SPLINE-NET [38] の概要図（論文より引用し翻訳）。光源補間ネットワークは，疎な観測マップ **S** を入力として，密な観測マップ **D** を出力します。法線推定ネットワークは CNN-PS のネットワーク構造をもとにしており，この入力である疎な観測マップ **S** と推定した密な観測マップ **D** を入力として法線ベクトルを推定します。観測マップの対称性などを考慮した損失関数を追加することで，推定精度の向上を図っています。

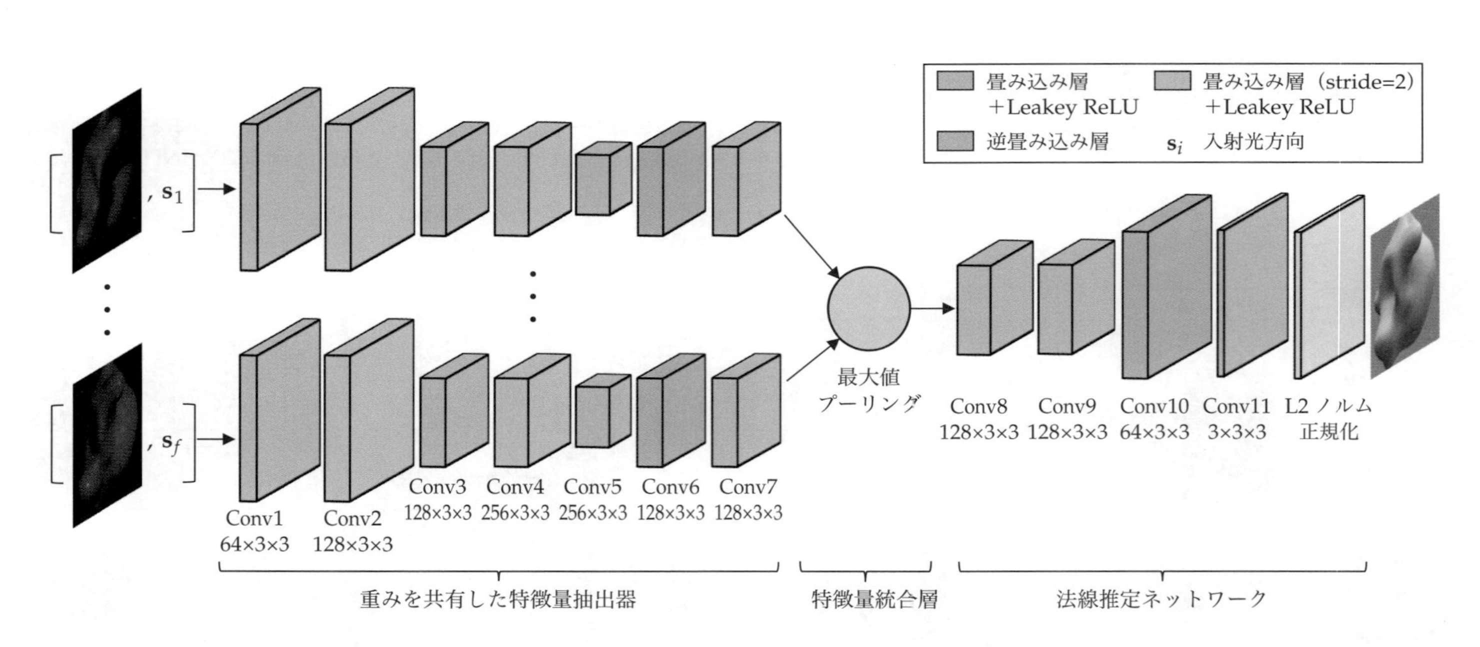

図 14　PS-FCN [33] の概要（論文より引用し翻訳）。すべての層が畳み込み層からなる FCN（fully convolutional network）構造となっています。重みを共有した特徴量抽出器によって，各光源環境下の画像と対応する入射光方向ベクトル $\mathbf{s}_i$ を連結した特徴マップを入力として特徴量抽出を行います。得られた特徴量を最大値プーリングによって固定次元の特徴量に統合（特徴量統合層）し，法線推定ネットワークによって法線マップを出力します。

報を扱えるため，影や相互反射など大域照明による影響が強い領域や観測ノイズが多い画像に対して，周辺ピクセルの情報を使ってより高精度に法線を推定できる可能性があります。この畳み込み構造は一方で，過剰に平滑化された結果を出力してしまうという欠点にも繋がっています。この点は，特に微細形状の復元を目指す照度差ステレオ法においては問題であり，後に説明する手法ではピクセル単位の特徴量と画像空間での特徴量の統合が1つの注目点となっています。

グラフによる手法（GPS-NET）

GPS-NET [34] では，1ピクセルの観測をグラフと見なし，1光源環境下での観測をグラフ構造における1ノードとして表現する手法（図10 (d)）が提案されています。あるピクセルのグラフにおいて i 番目のノードは i 番目の光源に対応し，入射光方向ベクトル $\mathbf{s}_i = [x, y, z]^\top$ と観測輝度 m_i を合わせた4次元のベクトル $\mathbf{x}_i = [m_i, x, y, z]^\top$ をノード特徴量としてもち，グラフ畳み込みネットワーク（graph convolutional network; GCN）によって特徴量抽出を行います。GCN には，非構造化データに対する畳み込み手法 [39] が採用されています（図15）。具体的には，入力であるノード特徴量に基づいて，隣接ノード間の重みを適応的に決定します。ピクセルごとに特徴量を抽出した後，それらを空間的に並べて特徴マップとし，CNN によって特徴マップから法線マップを推定します。

CNN-PS における観測マップでは，1つの観測を観測マップ中の1ピクセルで表現していたのに対して，GPS-NET では1つのノードとして扱い，入射光方向の情報をノード特徴量として表現し，GCN によって特徴量を抽出します。このことにより，光源数が少なく観測マップが疎になってしまうような条件でも，推定に必要な特徴を抽出でき，高精度な推定が可能になります。

集合と自己注意機構による手法（PS-Transformer）

PS-Transformer [35] は，観測データを集合（セット）と見なし，自己注意機構を用いて特徴量抽出を行う手法です。照度差ステレオ法における観測は，観測数が任意で順不同であり，集合と見なすことができます。そして，深層学習において可変長の順不同集合を入力として扱うことができるネットワーク構造に，近年自然言語処理などで注目されている注意機構の1つである Transformer があります[15]。一般に自然言語処理や時系列データ処理における入力は可変長の系列データであり，系列の順序情報を与えるために位置符号化（positional encoding）を行いますが，注意機構そのものは入力の順序に依存しません。PS-Transformer では，図10 (e) に示すように，入射光方向ベクトル $\mathbf{s}_i = [x, y, z]^\top$ と観測輝度

[15] 本稿では Transformer そのものの詳細は省略します。詳しくは本シリーズ既刊の [40] などの解説記事を参照してください。

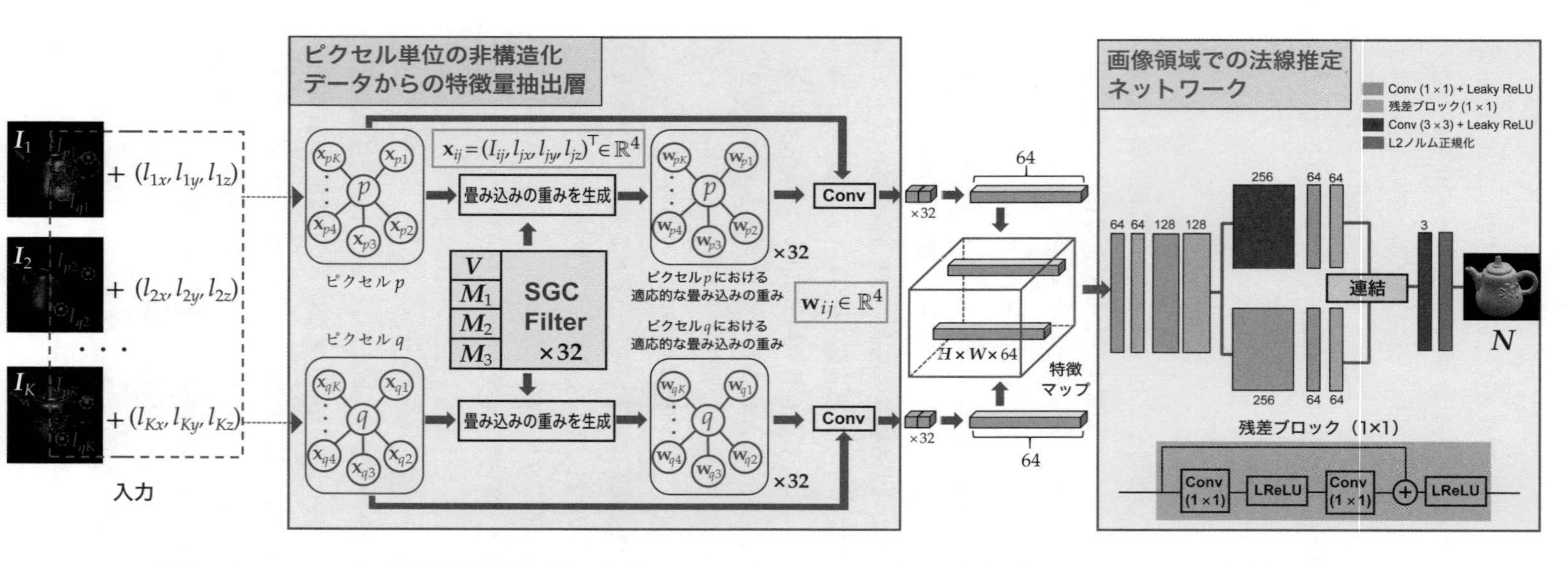

図 15 GPS-NET [34] の概要（論文より引用し翻訳）。GPS-NET は，ピクセル単位の非構造化データからの特徴量抽出層と，抽出した特徴マップから画像領域での法線を推定するネットワークに分けられます。特徴量抽出層において，i 番目のグラフの j 番目のノードは，i 番目のピクセルの j 番目の光源環境下での観測を表し，各ノードは観測輝度 I_{ij} と 3 次元の入射光方向ベクトル $[l_{jx}, l_{jy}, l_{jz}]^\top$ を合わせたノード特徴量 $\mathbf{x}_{ij}=[I_{ij}, l_{jx}, l_{jy}, l_{jz}]^\top$ をもちます。ピクセルごとのグラフから，SGC（structure-aware graph convolution）Filter と呼ばれる非構造化データに対する畳み込み [39] によって，64 次元の特徴量を抽出します。ピクセルごとに抽出した特徴量を並べて特徴マップとし，CNN からなる画像領域での法線推定ネットワークに入力し，法線マップを出力します。

m_i を合わせた 4 次元ベクトル $\mathbf{x}_i = [m_i, x, y, z]^\top$ を集合の 1 要素として，この集合から自己注意機構によって特徴量抽出を行います。さらに，PS-Transformer では，ピクセル単位で抽出した特徴量と，画像全体を考慮した領域ベースの特徴量を組み合わせて法線を推定するフレームワークを提案しています（図 16）。これにより，領域ベースの特徴量のみを用いた PS-FCN における，過剰に平滑化された法線を出力してしまうという問題を解決し，微細形状の復元と頑健性の向上が実現されました。

一方で，自己注意機構を用いる 1 つの欠点は，その計算コストです。Transformer の計算コストは入力系列長の 2 乗に比例し，PS-Transformer ではその系列長は光源数に一致します。つまり，特に光源数が多い場合に，GPU メモリなどの制約を受ける可能性があります。なお，ピクセル単位と画像単位の特徴量抽出を組み合わせるフレームワークに関しては，ピクセル単位の特徴量抽出器をもつ CNN-PS や GPS-NET に対しても同様に適用でき，精度の改善をもたらす可能性があります。

3.2　学習用データセット

ここまでに紹介した手法は，いずれも照度差ステレオ法を回帰問題として定式化しています。この回帰モデルを学習させるためには，入力となる観測画像と入射光方向の情報，そして法線マップの真値が必要です。特に学習のために真値の法線マップを実環境で大量に獲得することは困難であり，いずれの手法も合成データを学習に用います。図 17 に各手法が用いた学習用データセットを示します。この図ではシーンごとに 1 枚の観測画像を示していますが，実際には光源環境を変化させながら大量の画像を生成し，学習に用います。ここでは，このような合成データの生成手法を，レンダリングエンジン，形状，材質，照明条件という 4 つの観点から解説します。なお，各手法の違いを理解することを目的に，それぞれの観点について複数のアプローチを紹介しますが，基本的にはここまでに解説したどの手法も，光源条件が固定される DPSN を除き，他の手法で提案されている学習データを用いて学習することが可能です。

レンダリングエンジン

レンダリングエンジンの役割は，対象シーンの形状や材質，照明条件を入力として，画像生成モデル（式 (2)）に基づいて画像を生成することです。ここで，大域照明効果であるキャストシャドウと相互反射を無視すると，式 (2) はピクセルごとに独立に計算することができます。DPSN では，この最も単純な方法によってレンダリングを行い，学習データとします。一方で，大域照明効果を考慮してレンダリングするためには，シーン中の光線（レイ）の進行をシミュ

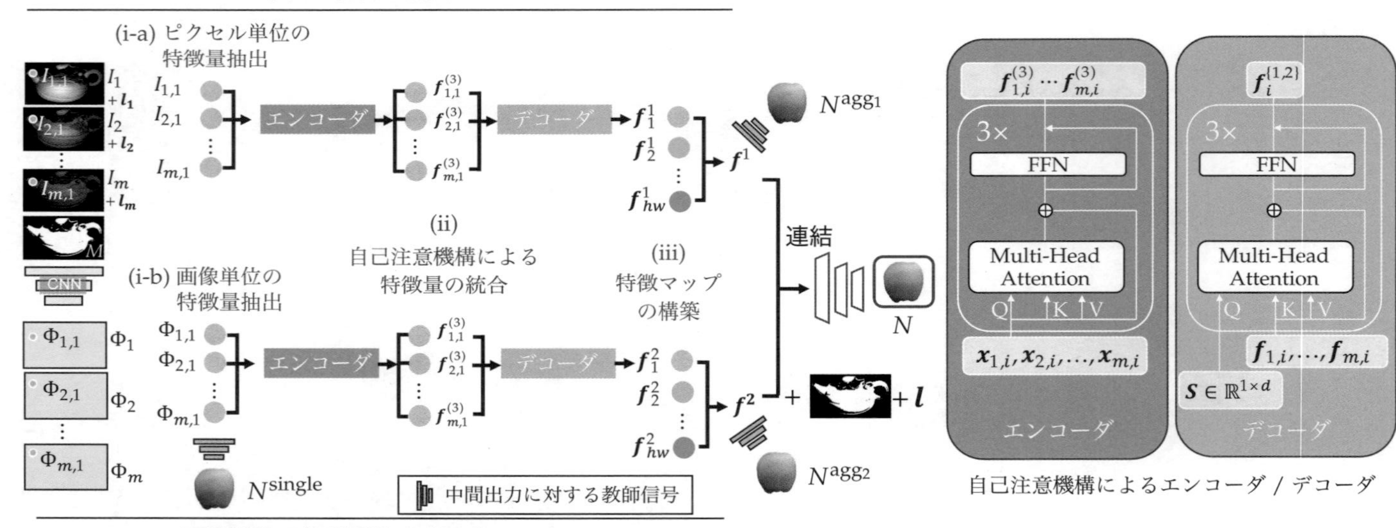

図 16　PS-Transformer [35] の概要（論文より引用し翻訳）。特徴量抽出ネットワークは，ピクセルの特徴量抽出と画像単位の特徴量抽出に分かれます。ピクセル単位の特徴量抽出では，(i-a) 観測輝度と入射光方向ベクトルを合わせたベクトルを入力として，(ii) 自己注意機構を用いたエンコーダ/デコーダ（右図を参照）によって特徴量を集約します。(iii) ピクセル単位の特徴量を並べて特徴マップとし，法線の推定に用います。画像単位の特徴量抽出では，まず，(i-b) PS-FCN と同様に重みを共有した CNN によって，各光源環境下での観測画像ごとに特徴マップを計算します。この特徴マップのピクセルごとに，特徴量の集約を行い (ii)，特徴マップを計算します (iii)。こうして得られた 2 つの特徴マップを連結して，CNN に入力することで，法線マップを推定します。さらに，中間特徴量から法線を推定するネットワークを追加で学習し，教師信号を与えることで，勾配消失を防ぎます。

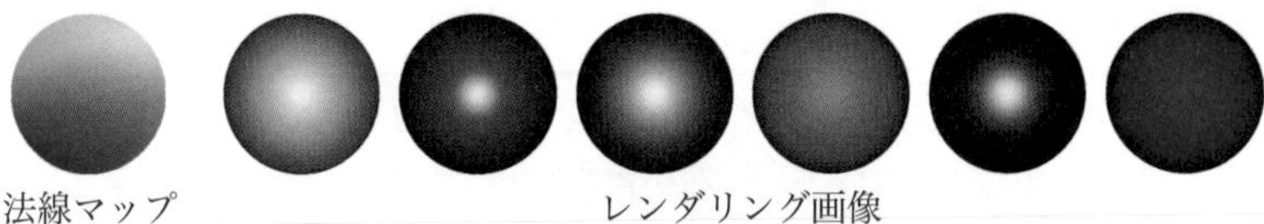

(a) DPSN

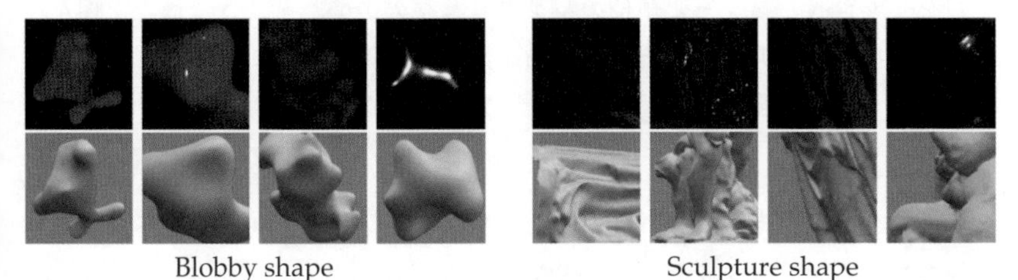

(b) PS-FCN

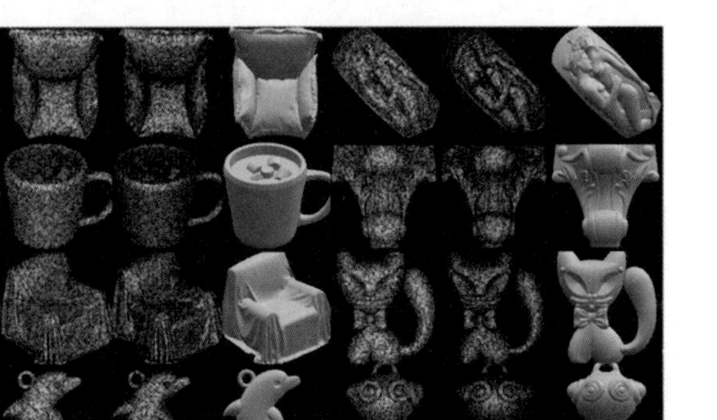

(c) CNN-PS

図 17　各手法で用いられた学習用データセット。1 シーンごとに観測画像と真値の法線マップを示しています。(a) MERL BRDF Database [41] を用いて球をレンダリングしたデータセット（DPSN）。(b) MERL BRDF を用いて Blobby Shape Dataset [42] と Sculpture shape dataset [43] の物体をレンダリングしたデータセット（PS-FCN）。(c) Disney Principled BRDF [44] を用いてインターネット上から収集した 3 次元モデルをレンダリングしたデータセット（CNN-PS, PS-Transformer）。（図 (b) および図 (c) は論文より引用）

レーションし，遮蔽や反射を計算する必要があります。これはコンピュータグラフィックスの分野でレイトレーシングと呼ばれる技術であり，既存のソフトウェアを用いて実現できます。既存の研究では，Mitsuba [45] や Blender [46] [16] といったソフトウェアが利用されています。学習データにこれらの大域照明効果を含むことによって，推定器はそうした観測に対して頑健になります。

一方で，レイトレーシングは一般に計算コストが高く，DPSN のようなピク

16) Mitsuba はコンピュータグラフィックスやコンピュータビジョンの研究目的に開発されているオープンソースのプロジェクトであり，Blender はアニメーションなどの動画製作に用いられるアプリケーションです。

セル単位のレンダリングに比べて，学習データの生成に時間がかかってしまいます。そこで，DPSN では，ランダムに選んだ一部の観測を 0 に書き換えることで，ピクセル単位のレンダリングの中でキャストシャドウを再現するシャドウ層を提案しています。また，CNN-PS を拡張した PX-NET [47] では，この考え方を発展させ，ピクセル単位のレンダリングの中で，影だけではなく相互反射や観測ノイズなどをランダムに再現する手法を提案しています。

形状

ピクセル単位の生成手法（DPSN や PX-NET）では，大域照明効果を考慮しないため，レンダリングに用いる形状は，学習結果にほとんど影響しません。厳密には学習データの法線の分布に影響を与えますが，たとえば PX-NET では法線を半球から一様にサンプリングしています。DPSN の初期の論文では，滑らかな形状のデータセットである Blobby Shape Dataset [42] が用いられていましたが，後の論文 [48] では PX-NET と同じく半球が使われています。

一方で，大域照明効果を考慮する場合は，レンダリングに用いる形状が実世界のさまざまな形状を包含する必要があります。そのために，既存の形状データセットである Blobby Shape Dataset や Sculpture shape dataset [43] を用いる手法（PS-FCN）や，インターネット上で公開されている 3 次元モデルを用いる手法（CNN-PS や PS-Transformer）があります。これらはいずれも，滑らかな形状や凸凹した形状など，多様な形状を含む目的で選ばれます。

材質（BRDF）

さまざまな材質に対して高精度な推定を実現するためには，学習データに広範な材質が含まれている必要があります。そのために，これまでの研究では主に次の 2 つの反射モデルを用いて学習データを生成しています。1 つ目は，DPSN や PS-FCN で用いられた MERL BRDF Database [41] です。これは 100 種類の異なる材質でできた球（図 18）を用いて，100 種類の BRDF を実測したデータベースです。実測した BRDF であるため，レンダリングにおいてより忠実な反射特性を再現できると期待できます。一方で，観測ノイズを含んでいる点や，BRDF の個数が限定されてしまう点が，欠点として挙げられます。

2 つ目は，CNN-PS で用いられた Disney Principled BRDF [44]（図 19）です。この BRDF は，名前のとおり，Disney がアニメーション制作などのために設計したもので，直感的なパラメータによって反射特性を制御できるようになっています。このアプローチの利点は，パラメータをランダムに設定することで，異なる BRDF を無限に生成できることです。また，パラメータ数が 11 あり，これまでコンピュータグラフィックスなどで使われてきた反射モデルに比べて比

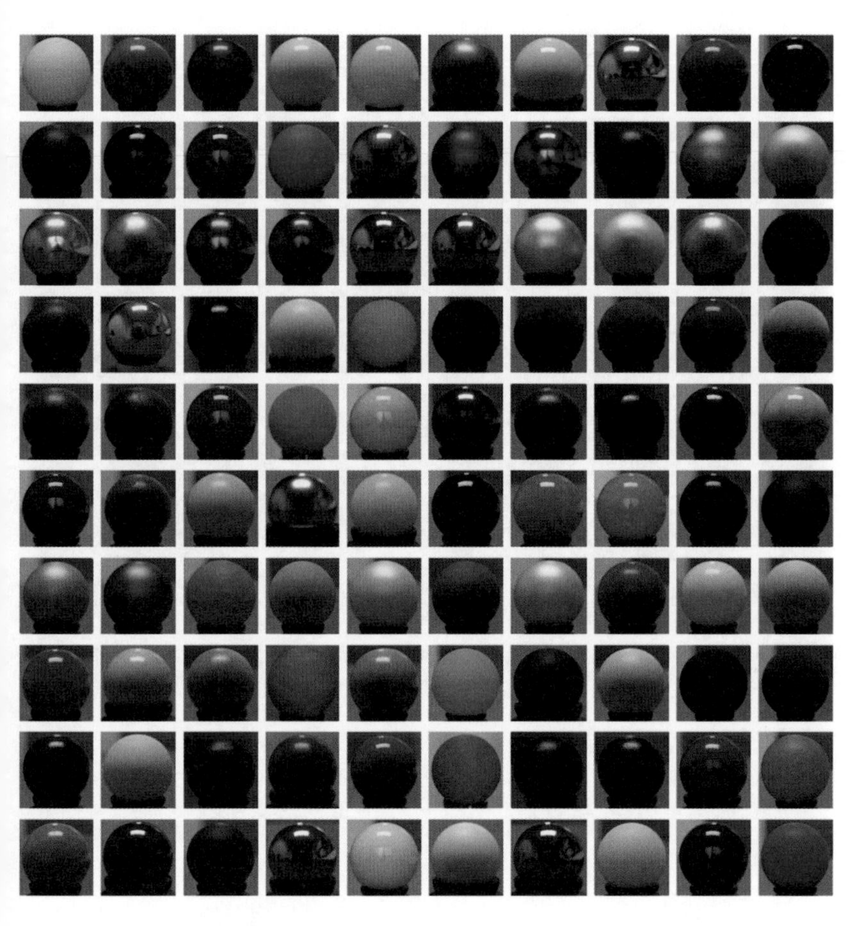

図 18　MERL BRDF Database [41]（論文より引用)。単一の材質でできた球体のサンプルを観測することで，その材質の BRDF を獲得します。この図では，実験で用いられた 100 種類のサンプルを示しています。この 100 種類にはプラスチックや金属，木材など，さまざまな材質が含まれています。

較的多く，表現できる反射特性の幅が広いという特徴があります。一方，あくまでパラメトリックなモデリングに基づく BRDF であるため，そのモデルに従わない反射は表現できません。理想的には，実世界のあらゆる材質の BRDF を実測できればよいのですが，現実的には不可能であり，たとえば PX-NET [47] では，両方の BRDF を混合して用いる手法が提案されています。

また，材質に関しては，1 つのシーンを 1 つの材質でレンダリングするか（図 17 (b)），複数の材質でレンダリングするか（図 17 (c)）という違いがあります。図 17 (c) のデータセットでは，物体表面を一定領域ごとに区切って，各領域に Disney Principled BRDF のランダムなパラメータを割り当てています。ピクセル単位で学習する手法（CNN-PS など）では，どちらの方法でレンダリング

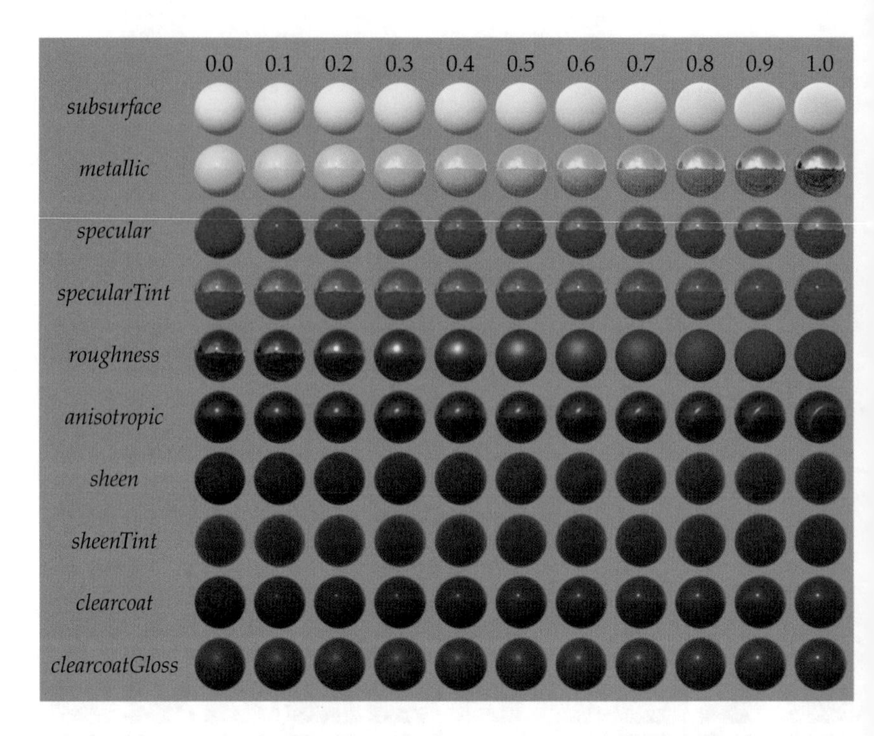

図 19　Disney Principled BRDF [44] によるレンダリングの例（論文より引用）。*subsurface* から *clearcoatGloss* までの 10 個のパラメータと色を決定する *BaseColor* の，合わせて 11 個のパラメータを変化させることで，さまざまな材質を表現できます。

しても違いはありません[17]。一方で，画像全体を入力する場合は，ランダムに割り当てると非現実的な見た目となり，学習が偏ってしまう可能性があります。画像を入力とする PS-FCN では，図 17 (b) のように，空間的に一様な材質でレンダリングしたデータで学習しています。

[17] 厳密には，相互反射をレンダリングしている場合は，他のピクセルの材質がそのピクセルの観測に影響を与えます。

照明条件

初期の手法である DPSN では，想定する撮影装置の較正結果を用いて学習データを生成する[18] 必要があります。これに対して他の手法では，半球上からランダムにサンプリングして学習データを生成します。光源数に関しては，すべてのシーンで固定した多数の光源（1,300 光源など）を用いる手法や，レンダリングするシーンごとにランダムな光源を使う手法があります。なお，学習時は，学習ステップごとに，レンダリングした画像からさらにランダムにサンプリングして学習に用います。

[18] DPSN では学習データの生成にレンダリングエンジンを使用しないため，事前にレンダリングしておくのではなく，学習しながら学習データを生成できます。

3.3 評価用データセット

コンピュータビジョンの研究において，提案する手法が実環境で実際に動作するかを評価することは非常に重要です。評価のためのデータセットを構築するためには，手法を適用するために必要な入力データだけではなく，カメラや光源などの較正情報や，結果を評価するための真値を獲得する必要があり，高い専門性が求められます。既存の研究と同じ撮影条件で比較を行う場合には，公開されているデータセットを利用できます。既存のデータセットを表 2 にまとめました。また，各データセットに含まれる画像や法線マップの一部を図 20 から図 26 に引用します。この中でも，特に DiLiGenT データセット [52]（図 23）は，比較的ランバートに近い材質の物体から，金属や陶器など非ランバートな物体までを含み，定量評価のための真値も提供されていることから，多くの研究において比較評価のための標準的なデータセットとして活用されています。次項では，このデータセットを用いたベンチマーク評価の結果を紹介します。

表 2　照度差ステレオ法のための公開データセット

データセット	条件	シーン数	光源数	真 値
Gourd&Apple [49]（図 20）	無限遠光源	3	102/112	–
Harvard [50]（図 21）	無限遠光源・ランバート	7	20	法線（推定値）
Light Stage Data Gallery [51]（図 22）	無限遠光源	6	253	–
DiLiGenT [52]（図 23）	無限遠光源	10	96	法線
DiLiGenT 10^2 [11]（図 24）	無限遠光源	100	100	法線
DiLiGenT-MV [53]（図 25）	無限遠光源・多視点	5	96	法線・3D モデル
LUCES [10]（図 26）	近接点光源	14	52	法線・深度

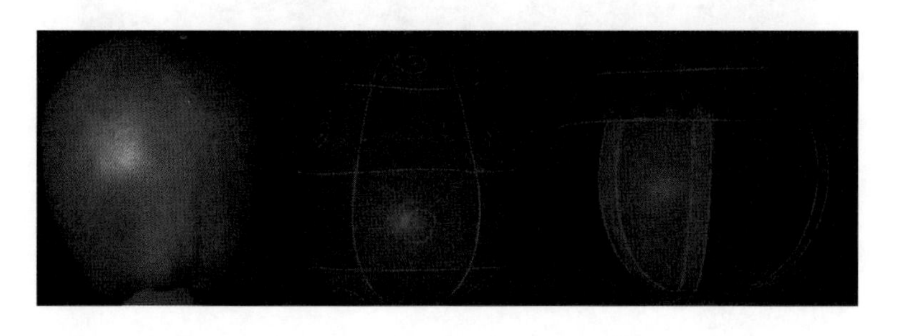

図 20　Gourd&Apple データセット [49]。3 個の対象物体を 102 または 112 光源環境下で撮影したデータセットです。評価のための真値データは含まれていません。

図 21　Harvard Photometric Stereo Dataset [49]。ランバート拡散反射モデルに近い材質の 7 個の物体を撮影したデータセットです。ランバート拡散反射モデルを仮定した照度差ステレオ法を適用した結果が，検証用の参考値として提供されています。各物体について，観測画像のうちの 1 枚と法線マップを並べて示しています。

図 22　Light Stage Data Gallery [51]。ライトステージとは，図 5 (f)（p.98）のように，複数の光源とカメラを組み合わせた撮影装置です。このデータセットはライトステージを使って 6 個の物体を撮影したものです。形状が複雑な物体が多く，比較的難易度の高いデータセットです。評価のための真値データは含まれていません。

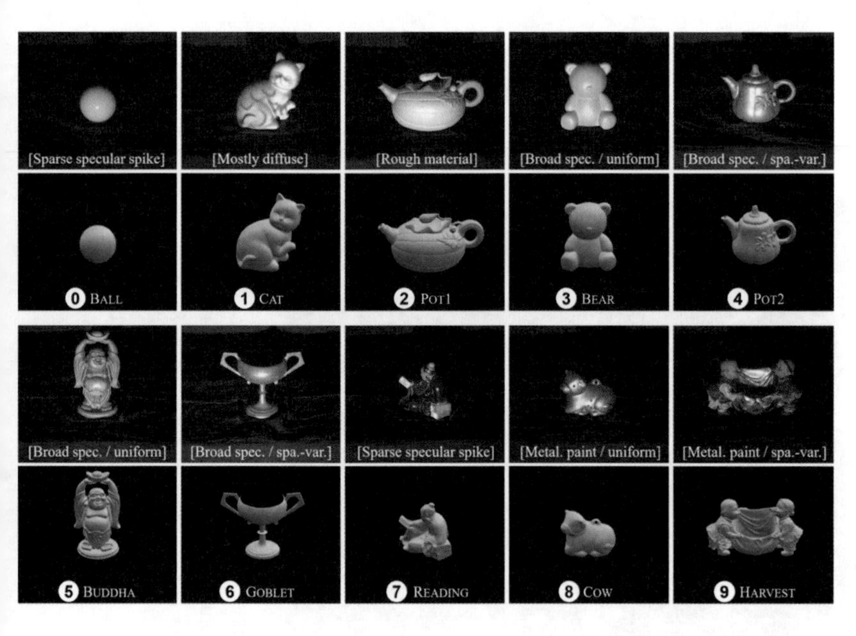

図 23　DiLiGenT データセット [52]。10 個の物体を 96 個の無限遠光源環境下で撮影したデータセットです（1, 3 行目：物体の画像，2, 4 行目：真値の法線）。96 枚の画像と物体のマスク，光源較正結果および真値のデータが含まれます。真値の法線マップは，レーザースキャナを用いて獲得しています。

3.4　ベンチマーク評価

本項では，照度差ステレオ法の評価用データセットとして多くの研究で用いられている DiLiGenT [52] データセットを用い各手法に対して行われたベンチマーク評価の結果を紹介します。

表 3 に，データセットに含まれる 96 光源すべてを用いた結果を，また表 4 に，10 光源のみを用いた結果を示します。物体および手法ごとに，推定した法線マップの角度誤差の平均を示しており，小さいほど誤差が小さく良い推定結果であることを意味します。また，表の最右列には，10 物体で平均した角度誤差を示しています。なお，10 光源のみを用いた結果は，96 光源から 10 光源をランダムにサンプリングして推定するという操作を一定回数繰り返した上で推定誤差を平均したものですが，表の数値は複数の論文から引用しており，サンプリング方法が統一されていないため，厳密には直接比較できないことに注意が必要です。比較のために，ランバート拡散反射モデルを仮定する手法 [2] をベースラインとしています。

この表では，基本的に上から古い順に手法が並んでおり，10 物体の平均の角度誤差に着目すると，手法が新しくなるにつれて推定精度が改善されていることがわかります。初期の手法である DPSN と BASELINE を比較すると，特に 8 (COW)

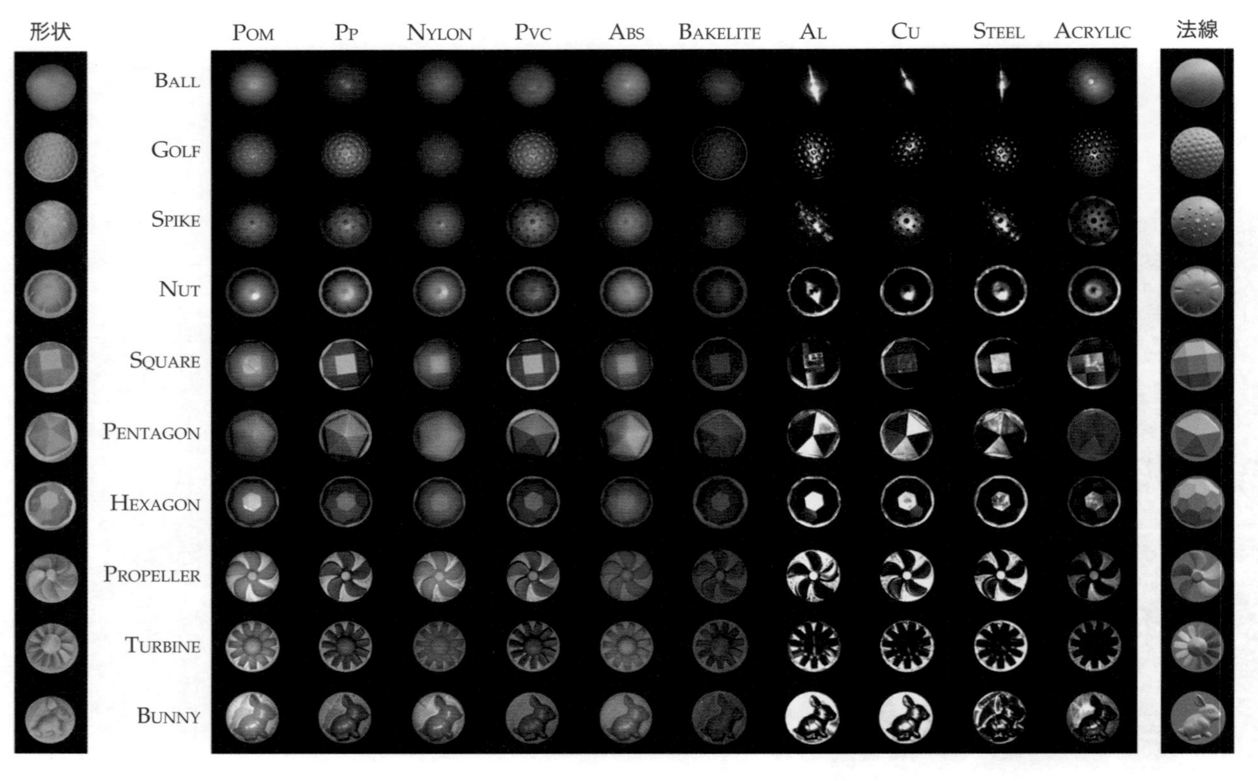

図 24　DiLiGenT 10^2 データセット [11]。10 種類の材質（横方向）× 10 種類の形状（縦方向）という意味で，10^2 と名づけられています。コンピュータ数値制御（computerized numerical control; CNC）加工機を用いて切削することで対象物体を製作しています。使用された CNC 加工機の精度は 0.01 mm と高く，加工に使用した形状データ（CAD モデル）を真値として用いており，レーザースキャナなどで獲得した真値に比べて信頼性が高いと考えられます。また，異なる材質（POM, PP, NYLON など）でまったく同じ形状のシーンを作ることができるため，より詳細な比較が可能になるという利点もあります。図中で最左列に形状データを，最右列に法線マップを示しています。撮影環境は図 5 (d)（p.98）で示したものです。

図 25　DiLiGenT-MV データセット [53]。DiLiGenT データセットを多視点に拡張した多視点照度差ステレオ法（4.3 項）のためのデータセットです。1 つの物体について，DiLiGenT データセットと同じ 96 光源環境下で，物体を回転させながら 20 視点，つまり合計 $96 \times 20 = 1920$ 枚の画像を撮影したデータセットです。この図の各行は，物体ごとに，同じ光源環境下，異なる視点下で撮影した 20 枚の画像を示しています。光源とカメラの較正結果，各視点での真値の法線マップおよび真値の 3 次元モデルなどが公開されています。

図 26　LUCES データセット [10]。光源が物体の近傍に存在する近接照度差ステレオ法（4.1 項）を評価するためのデータセットです。52 個の光源を使用して，14 個の物体を撮影しています。カメラおよび光源の較正情報と，レーザースキャナで獲得した真値の法線マップおよび深度マップが提供されています。撮影環境は図 5 (c)（p.98）で示したものです。

表 3　DiLiGenT [52] におけるベンチマーク評価（96 光源）。0 から 9 は図 23 の BALL から HARVEST までの 10 個の物体に対応しており，手法ごとに推定した法線の角度誤差（度）を示しています。各結果は論文より引用，もしくは著者が公開している公式実装と学習済みモデルを用いて計算したものです。

物体/手法	0	1	2	3	4	5	6	7	8	9	平均
BASELINE [2]	4.10	8.41	8.89	8.39	14.65	14.92	18.50	19.80	25.60	30.62	15.39
DPSN [48]	2.49	7.05	8.73	7.05	9.73	13.80	10.90	15.80	7.92	18.40	10.20
PS-FCN [33]	2.82	6.16	7.13	7.55	7.25	7.91	8.60	13.33	7.33	15.85	8.39
CNN-PS [32]	2.12	4.38	5.37	4.20	6.38	8.07	7.42	12.12	7.92	14.08	7.21
SPLINE-NET [38]	4.51	6.49	8.29	5.28	10.89	10.36	9.62	15.50	7.44	17.93	9.63
PX-NET [47]	2.00	4.30	4.90	3.50	5.00	7.60	6.70	9.80	4.70	13.30	6.17
GPS-NET [34]	2.92	5.42	6.04	5.07	7.01	7.77	9.00	13.58	6.14	15.14	7.81
PS-Transformer [35]	2.58	5.02	6.24	4.61	7.55	10.07	9.12	11.29	5.96	13.53	7.60

表 4　DiLiGenT [52] におけるベンチマーク評価（10 光源）。BASELINE, CNN-PS, PS-FCN, SPLINE-NET および GPS-NET の結果については GPS-NET [34] の論文から，PS-Transformer については原論文から引用したものです。

物体/手法	0	1	2	3	4	5	6	7	8	9	平均
BASELINE [2]	4.58	8.90	9.59	9.84	15.65	16.02	19.23	19.37	26.48	31.32	16.10
PS-FCN [33]	4.35	8.24	8.38	5.70	10.37	10.54	11.21	14.34	9.97	18.82	10.19
CNN-PS [32]	8.21	9.00	12.79	11.89	15.04	13.39	15.74	16.07	13.83	19.36	13.53
SPLINE-NET [38]	4.96	7.52	8.77	5.99	11.79	10.07	10.43	16.13	8.80	19.05	10.35
PX-NET [47]	2.50	6.30	7.00	4.90	7.70	9.40	9.70	13.10	7.20	16.10	8.37
GPS-NET [34]	4.33	6.81	7.50	6.34	8.38	8.87	10.79	15.00	9.34	16.92	9.43
PS-Transformer [35]	3.27	5.34	6.06	4.88	6.97	8.65	9.28	11.24	6.54	14.41	7.66

や 9（HARVEST）（図 23）といった金属の反射を含む物体で大きな改善が見られました。その後もデータ表現やネットワーク構造，学習データの生成手法などを改善することによって，より高精度な手法が実現されてきました。特に，最新の手法では光源数が少ない場合の改善が顕著であり，PS-Transformer は，10 光源のみを用いた場合でも，96 光源を用いた場合に匹敵する精度を達成しています。

4　最新の研究動向

3 節では，深層学習を用いたデータ駆動型の照度差ステレオ法の代表的な手法を解説しました。これらの手法は，いずれも無限遠光源を仮定した較正済みの手法でした。本節では，こうした光源条件を含むいくつかの仮定を緩和した照度差ステレオ法の問題設定を解説し，最新の手法を紹介します。

4.1　近接照度差ステレオ法

多くの手法で無限遠光源が仮定されてきましたが，近似的に無限遠光源を実現するためには，光源を可能な限り遠方に設置する必要があり，撮影装置が大規模なものになってしまうという問題があります。また，やむを得ず近傍に光源を設置して無限遠光源を仮定した手法を適用すると，推定誤差を招きます。この問題に対して，近接照度差ステレオ法では，明示的に近接点光源による影響を考慮することで，対象シーンの近傍に光源を設置した場合でも高精度な推定を可能にします。

近接照度差ステレオ法の難しさは，図 2（p.94）に示したように，対象シーンの各点での入射光方向がその点の 3 次元位置に依存するところにあります。具体的に説明しましょう。光源の位置が $\mathbf{x}_l$，物体表面の位置が $\mathbf{x}_s$ だったとき，入射光方向ベクトルは

$$\mathbf{s} = \frac{\mathbf{x}_l - \mathbf{x}_s}{||\mathbf{x}_l - \mathbf{x}_s||_2}$$

と表せます。この式を用いて，近接点光源環境下での画像生成モデルは，次のように表せます。

$$m = \underbrace{\frac{1}{||\mathbf{x}_l - \mathbf{x}_s||_2^2}}_{\text{減衰}} b(\mathbf{s}, \mathbf{n}, \mathbf{v}) \quad \underbrace{\frac{(\mathbf{x}_l - \mathbf{x}_s)^\top}{||\mathbf{x}_l - \mathbf{x}_s||_2}}_{\text{入射光方向ベクトル}} \quad \mathbf{n} \tag{4}$$

ここで，減衰は Light falloff とも呼ばれ，光源からの距離の 2 乗に反比例して減衰する現象を表します。この式は物体表面の位置 $\mathbf{x}_s$ に対して非線形な式となっており，法線の推定問題を最適化問題として定式化したときに非凸な問題となってしまう要因となります。過去の研究では，交互最適化によって解く手法 [54, 55, 56, 57, 58] や，偏微分方程式（partial differential equation; PDE）として定式化する手法 [59, 60, 61]，それらを組み合わせた手法 [62] などが提案されていますが，近年では，3 節で紹介した深層学習を用いた手法を近接照度差ステレオ法に拡張する方法が提案されています。

近接照度差ステレオ法に初めて深層照度差ステレオ法を取り入れた Santo らの研究 [63]（図 27）では，既存の無限遠光源を仮定する照度差ステレオ法を微分可能な関数として利用し，再構成誤差を最小化する枠組みで近接照度差ステレオ法を定式化しました。深層学習を用いた照度差ステレオ法は，入力に対して微分可能[19] であり，学習済みのモデルは法線を推定する決定的な関数となります。この関数を用いて再構成誤差を定義することで，再構成誤差が形状に対して微分可能となり，勾配法によって形状を最適化して推定できるようになります。これに対して，Logothetis ら [64] は，法線の推定と積分による深度の復元を交互に最適化する枠組みの中で，最新の深層学習を用いた照度差ステレオ法を用いる手法を提案しました（図 28）。また近年では，これらの手法に対して，高速化を意識した手法 [66] も提案されています。

[19] 厳密には，すべての手法がすべての入力に対して微分可能であるとは限りません。たとえば CNN-PS では入射光方向が離散化されるため，入射光方向に対しては微分可能ではありません。

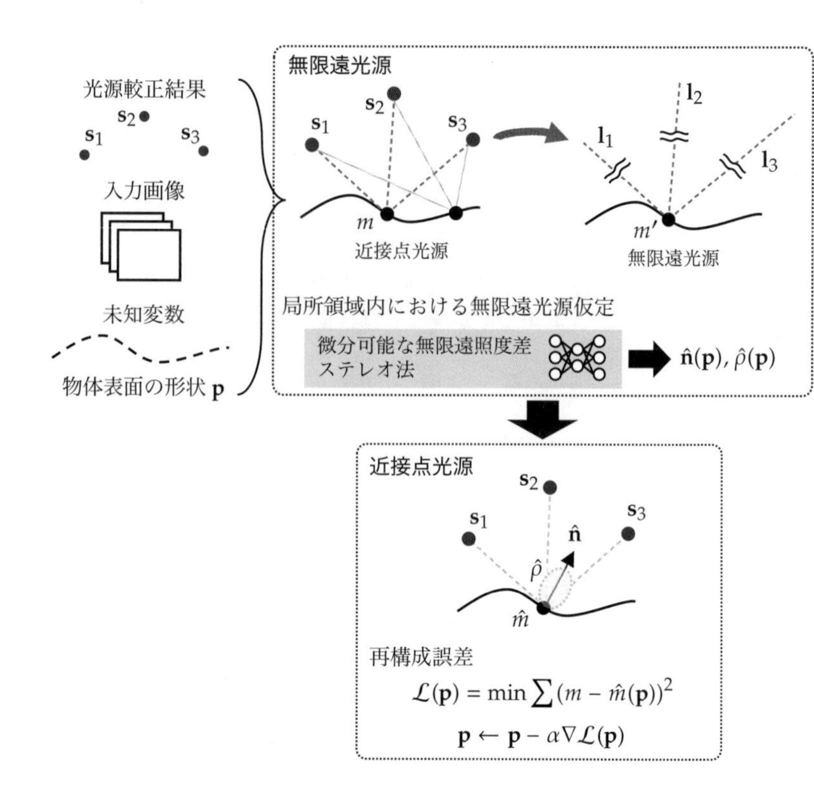

図 27　"Deep Near-Light Photometric Stereo" [63] の概要（論文より引用し翻訳）。微小領域ごと，具体的には 1 ピクセルごとに光源方向や減衰を計算することで，近接点光源環境下での観測を，無限遠光源環境下での観測と扱えるように変換します（局所領域内における無限遠光源仮定）。図中では，$\mathbf{s}_*$ が近接点光源の位置を，$\mathbf{l}_*$ があるピクセルにおける入射光方向を表しています。この変換によって，既存の微分可能な無限遠照度差ステレオ法を用いて，法線 $\hat{\mathbf{n}}$ および反射率 $\hat{\rho}$ を推定します。この推定値を用い，近接点光源環境下での画像生成モデル（式 (4)）に基づいて観測値を再構成し，入力画像との差（再構成誤差）を最小化します。ここで，法線と反射率の推定には PS-FCN をもとにした学習済みの微分可能な関数を用いることで，再構成誤差が物体表面の形状に対して微分可能となり，勾配法を用いて再構成誤差を最小化し，形状を求めることができます。

4.2　未較正照度差ステレオ法

光源較正は対象物体の撮影と同等，もしくはそれ以上に煩雑な作業になることが多く，それが不要になることは実用上大きな利点となります。また，較正が不要になることで，光源を固定する必要がなくなり，1 つの光源を動かしながら撮影するといった新たな撮影方法も可能になります。一方で，未較正の条件下では，推定結果に一定の曖昧性が残ってしまうという問題があります。この曖昧性の導出は文献 [31] などに譲り，ここでは省略します[20]。この曖昧性を解消するために，表面の反射率に関する事前情報を用いる手法 [68, 69] や，鏡

[20] ランバート拡散反射モデルを仮定する場合には，Generalized bas-relief（GBR）曖昧性 [67] と呼ばれる 3 自由度の曖昧性が存在することが知られています。

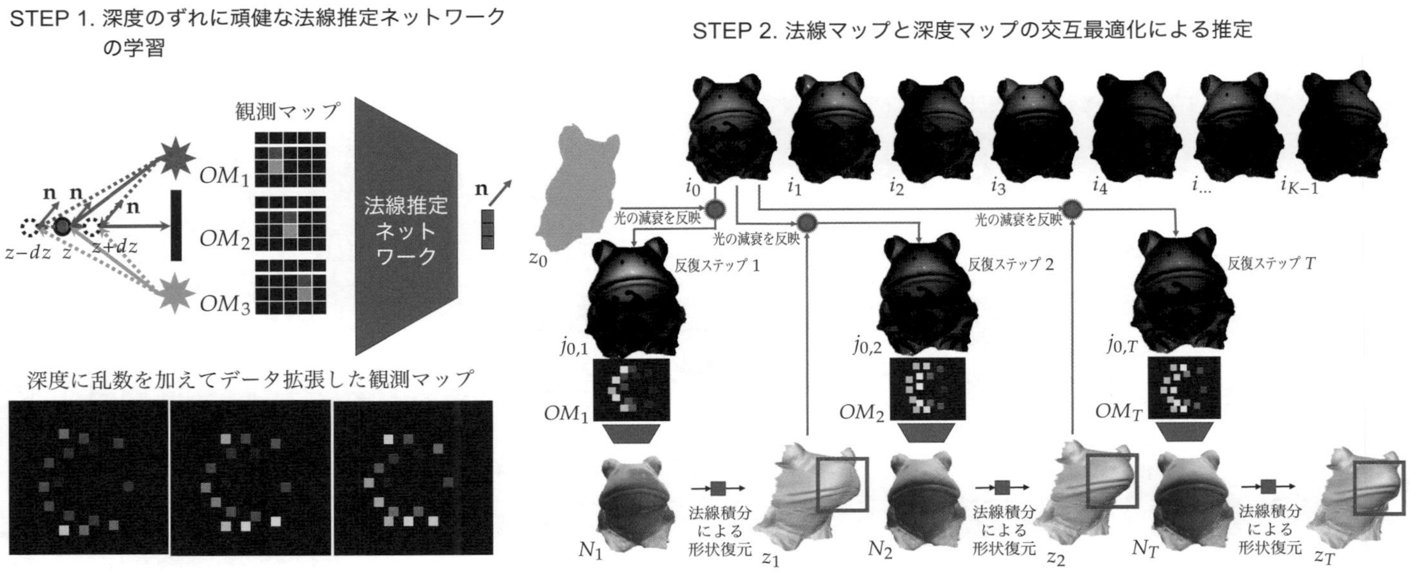

図 28 "A CNN Based Approach for the Near-Field Photometric Stereo Problem" [64] の概要（論文より引用し翻訳）。(STEP 1) CNN-PS を発展させた PX-NET [47] をもとにした法線推定ネットワークを学習します。深度マップが不正確な場合でも頑健に推定できるように，深度方向にランダムな変化（dz）を加えた観測マップを合成し，学習に用います。(STEP 2) 交互最適化によって法線マップと深度マップを推定します。法線マップを更新するときは，前ステップで推定した深度マップを固定して用い，逆に深度マップを更新するときは，法線マップを固定して用います。この操作を繰り返すことで，法線および深度マップを推定します。各反復ステップで，法線マップを積分 [65] して深度マップを計算し，その深度を用いて光の減衰などを考慮した観測マップを生成します。この観測マップを STEP 1 で学習した法線推定ネットワークに入力することで，法線を推定します。

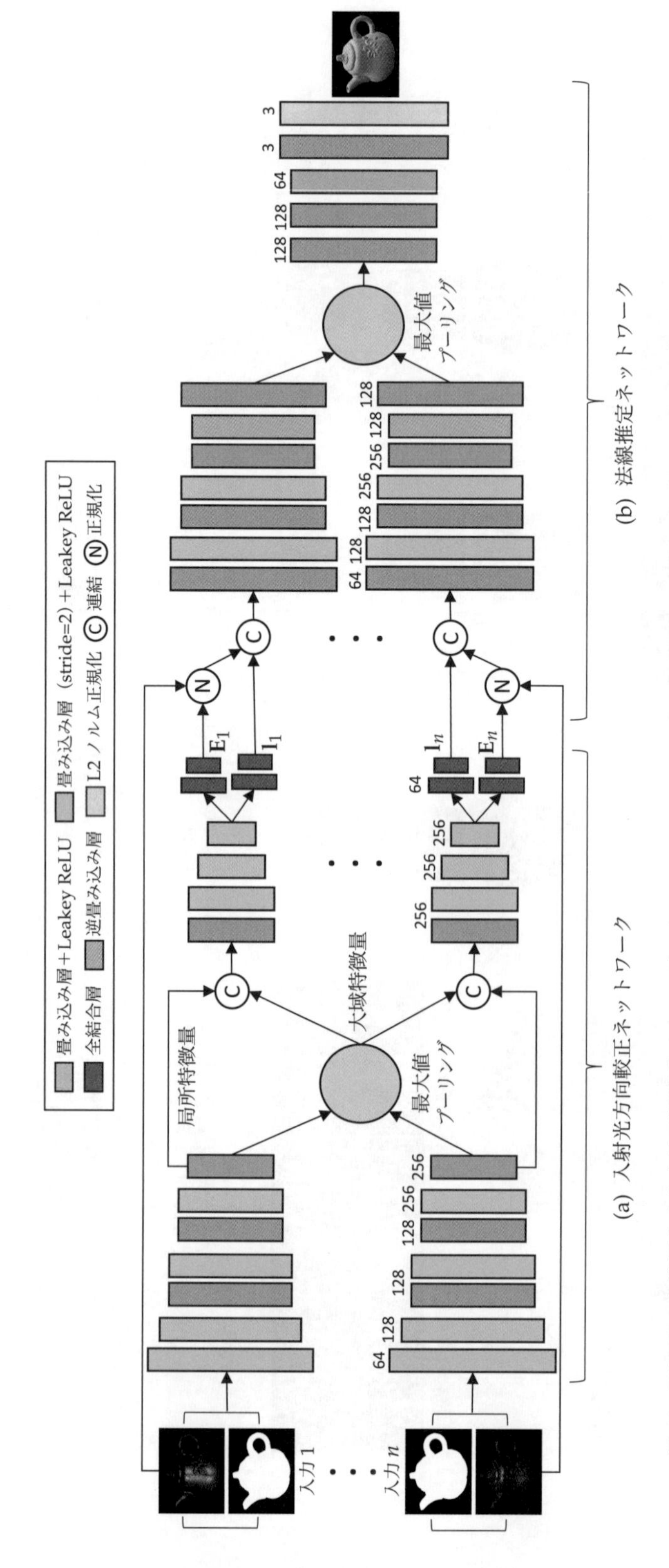

図 29　PS-FCN を発展させた未較正照度差ステレオ法である SDPS-Net [70] の概要（論文より引用し翻訳）。入射光方向較正ネットワークでは，各光源環境下での観測画像から抽出した局所特徴量とそれらを最大値プーリングによって統合した大域特徴量から入射光方向 $\mathbf{l}_i$ および入射光強度 $\mathbf{E}_i$ を推定します。法線推定ネットワークは，観測画像および推定した光源の情報を用いて法線マップを推定します。

面反射を利用する手法 [14] などが提案されてきましたが，近年では深層学習を用いる手法も提案されています。

SDPS-Net [70] は，PS-FCN の構造を発展させ，入射光方向を推定するネットワークを追加で学習させることによって未較正照度差ステレオ法を実現しました。図 29 に示すように，PS-FCN の各画像から特徴量を抽出するネットワークとほぼ同じ構造で，入射光方向を推定します。なお，この入射光方向の推定には，回帰モデルを用いるのではなく，入射光方向を離散化して分類モデルを用いるほうが実験的に良い精度が得られたと報告されています。さらに，Chen らは翌年の論文 [71] で，抽出された特徴マップ（図 30）を解析することによって，この深層学習による未較正照度差ステレオ法がどのように曖昧性を解消しているかを分析しました。

また，Lichy ら [72] は，図 31 に示すように，手持ちの光源を用いて 6 枚の画像のみを撮影することで，実用的かつより高精度に形状を復元する手法を提案しました。完全な未較正ではなく，おおよその入射光方向の情報を用いた手法であり，簡便な撮影環境と高精度な推定を両立させました。

これまでの未較正照度差ステレオ法では，未知の入射光方向を推定していま

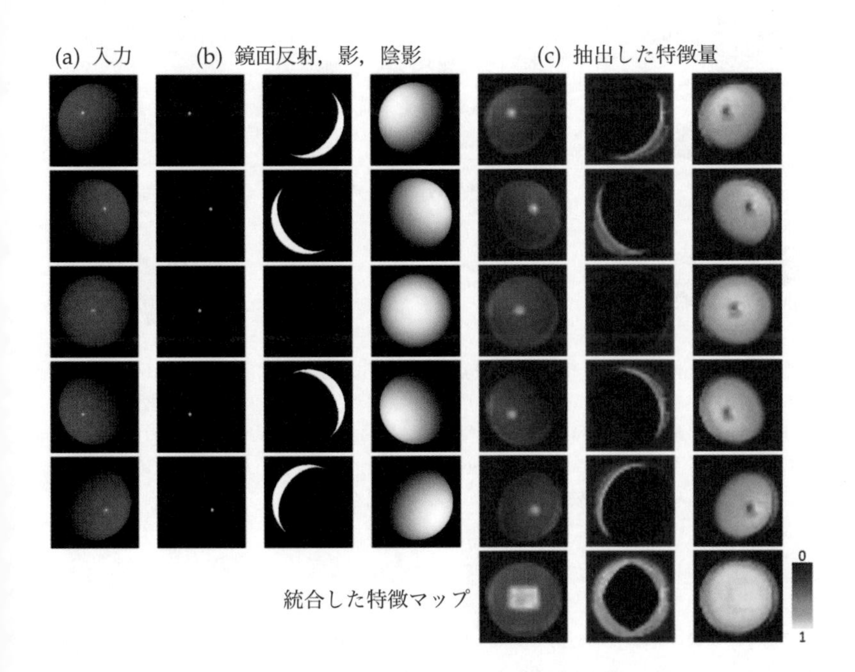

図 30　SDPS-Net [70] によって抽出された特徴量（[71] より引用し翻訳）。(a) 入力画像。(b) 真値から計算された鏡面反射，影および陰影。(c) 画像ごとに抽出した特徴量と統合した特徴マップ。鏡面反射や影などの情報が抽出されていることがわかります。

図 31　"Shape and Material Capture at Home" [72] の撮影手順（論文より引用し翻訳）。「前方」から「上」まで 6 方向から光を当てながら撮影した画像を入力として，法線を推定します。

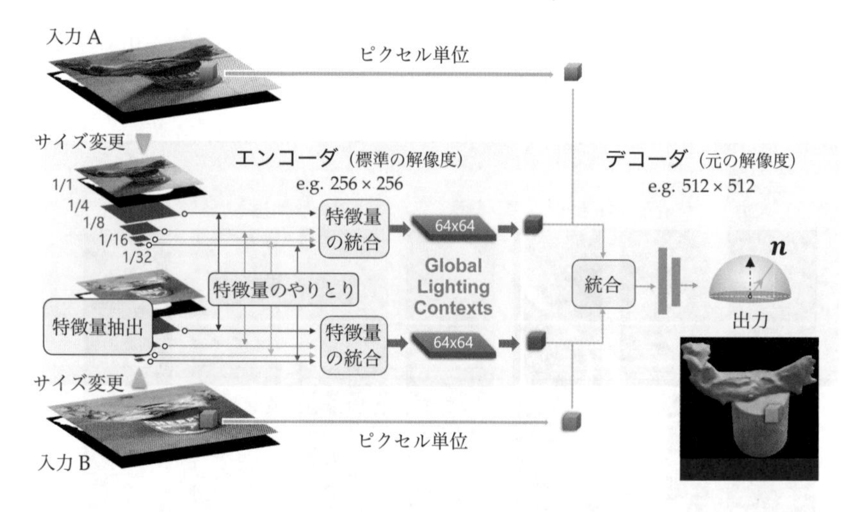

図 32　"Universal Photometric Stereo Network Using Global Lighting Contexts" [73] の概要（論文より引用し翻訳）。エンコーダでは，入力画像を縮小し，画像ごとに 64 × 64 次元の光源条件に関する情報を表す Global Lighting Contexts を抽出します。この Global Lighting Contexts と入力画像の情報をデコーダに入力し，複数光源環境下での特徴量を注意機構を用いて統合した後，MLP によって法線を推定します。

したが，Ikehata [73] は，Global Lighting Contexts と呼ぶより柔軟性が高い光源情報を推定し，その光源情報を用いて法線を復元する手法を提案しています（図 32 参照）。Global Lighting Contexts では，一般的な室内環境のようにあらゆる方向から光が入射する条件や，近接点光源のように空間的に変化する光源条件などを表現するために，画像と同じ空間的な特徴マップとして光源情報を抽出します。この情報と観測値から法線を推定するネットワークを学習させることで，光源の較正が不要になるだけではなく，照明が存在する一般的な室内環境など，幅広い環境で撮影した画像を入力として利用できるようになりました。

4.3 多視点照度差ステレオ法

照度差ステレオ法は固定視点から対象シーンを観測して，その視点からの形状を推定するのに対し，これを多視点観測に拡張し，各視点において光源環境を変化させながら観測する手法を，多視点照度差ステレオ法（multi-view photometric stereo）と呼びます。これは，2.1 項で対比的に紹介した幾何的な手法と測光学的な手法を組み合わせた手法であり，両者の欠点を補うことができます。

まず，幾何的な手法である多視点ステレオ法では，推定点の深度を直接推定できるという利点がある一方で，探索した対応点に基づいた疎な推定になってしまうという欠点がありました。これに対して，測光学的な手法である照度差ステレオ法では，視点ごとに密な推定を行える一方で，直接推定できるのは法線であり，形状を復元するためには推定した法線を積分する必要があり，誤差が蓄積しやすいという欠点がありました。この 2 つの手法を組み合わせて，大域的な形状は多視点ステレオ法から，局所的な形状は照度差ステレオ法から推定することによって，より高精度な 3 次元復元を実現できます。また，実用上の観点からも，対象物体の全周形状を復元するためには，多視点からの観測を適切に統合することは不可欠です。

多視点ステレオ法の最新研究では，陰関数による形状表現と逆レンダリングによる最適化を組み合わせた Neural Radiance Fields（NeRF）[74] [21] などの手法が注目を集めています。Kaya らは，この NeRF の枠組みを多視点照度差ステレオ法に初めて取り入れた手法 [76] を提案しました。この手法では，視点ごとに推定した法線マップによって NeRF を条件付ける構造を提案しています（図 33）。さらに，この手法を発展させ，推定結果の信頼度に応じた重み付けを行う手法 [77]（図 34）が提案されています。また Yang ら [80] は，未較正照度差ステレオ法と組み合わせることで，光源較正を不要とした手法（図 35）を提案しています。これらの手法は，いずれも逆レンダリングによる最適化によって，多視点ステレオ法と照度差ステレオ法から得られる制約を統合する手法であり，古典的な手法と比べてシンプルな枠組みで同等またはそれ以上の精度での推定を実現しました。

[21] NeRF そのものは本稿の主題と外れますので，本シリーズ既刊の解説記事 [75] などを参照してください。

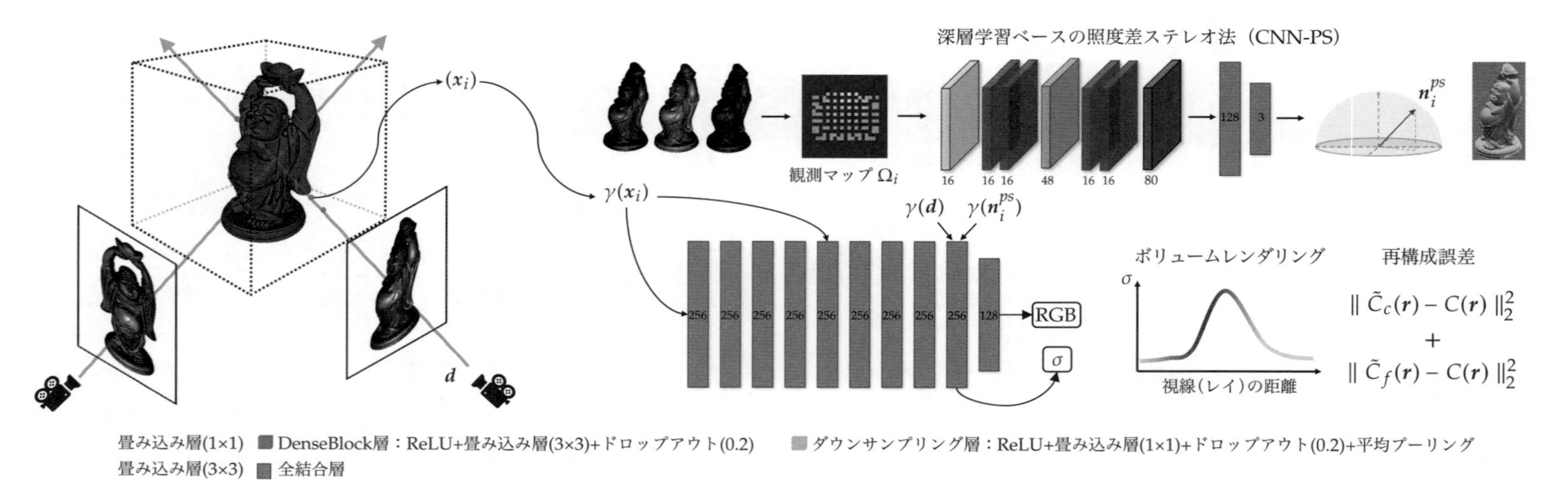

図 33 "Neural Radiance Fields Approach to Deep Multi-View Photometric Stereo" [76] の概要（論文より引用し翻訳）。事前に，視点ごとにCNN-PS を用いて法線マップを推定します。観測画像の逆レンダリングによって形状を最適化する NeRF を拡張し，法線マップから得られる制約を加えることで，より高精細な形状推定を実現します。

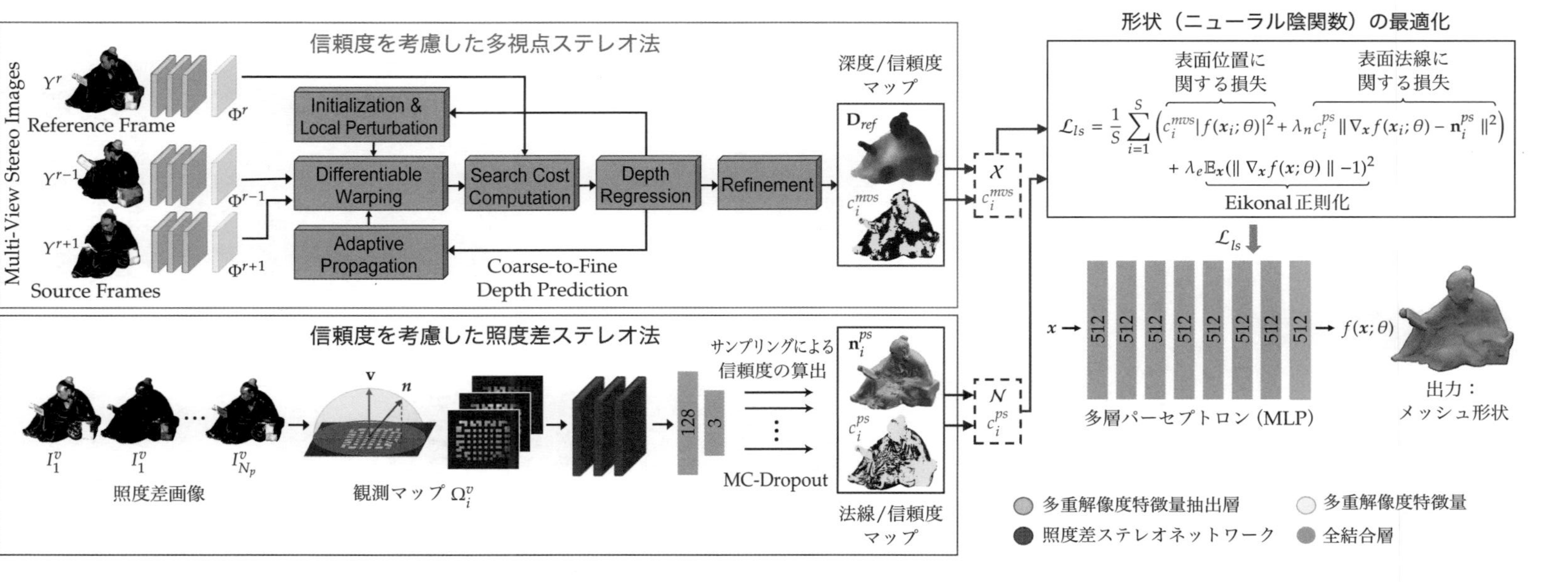

図 34　"Uncertainty-Aware Deep Multi-View Photometric Stereo" [77] の概要（論文より引用し翻訳）。最新の深層学習に基づく照度差ステレオ法 [32] と多視点ステレオ法 [78] を用いて法線マップと深度マップを推定し，さらにそれぞれの信頼度を計算します。照度差ステレオ法における信頼度の計算には，推定時にもドロップアウトを適用することで，近似的にベイズ推定を行うモンテカルロ・ドロップアウト（MC-Dropout）[79] を用います。ニューラル陰関数表現（implicit neural shape representation）を用いて形状を記述し，事前に推定した法線マップと深度マップおよびそれぞれの信頼度マップを用いて形状を最適化します。推定値の信頼度で重み付けした損失を用いることで，より信頼度の高い情報が最適化に使われるように設計されています。

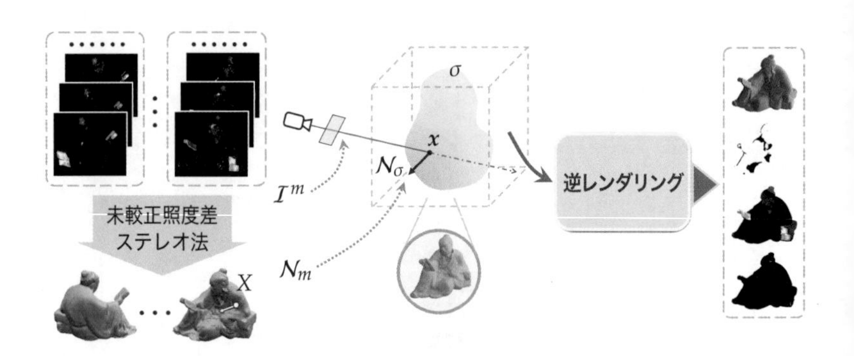

図 35　PS-NeRF [80] の概要（論文より引用し翻訳）。まず，視点ごとに未較正照度差ステレオ法を用いて法線マップを推定します。次に，[76] と同じく NeRF の枠組みで，視点ごとの観測画像と法線マップを用いて逆レンダリングにより形状を最適化します。さらに，キャストシャドウなどを考慮した逆レンダリングを用いて追加の最適化を行うことで，より高精度な推定を実現しています。

おわりに

本稿では，まず 2 節で照度差ステレオ法の基本的な原理と古典的な手法について解説した後，3 節で深層学習を用いたデータ駆動型の照度差ステレオ法を理解するために不可欠な，代表的な手法について解説しました。4 節では，現在活発に研究されている発展的な手法として，光源環境に関する制約を緩和した近接照度差ステレオ法と未較正照度差ステレオ法，そして多視点観測を用いる多視点照度差ステレオ法について，その問題設定と最新の手法を紹介しました。

照度差ステレオ法は，1980 年代に初期の手法が提案されて以来，学術研究レベルではさまざまな手法が提案されてきました。しかし，実用的な場面で活躍することはあまりありませんでした。その主要な要因としては，手法ごとに特定の反射モデルを仮定しているため，1 つの手法で正確に推定できる材質が限定され，対象物体に応じて適切な手法を選択する必要があったり，ある手法が事前にどのような材質であれば精度良く推定できるかがわからないため，実際に推定してみて判断するしかなかったり，といった煩雑さが考えられます。しかし，本稿で解説したデータ駆動型の手法によって，これらの課題は克服されつつあります。また，近接照度差ステレオ法や未較正照度差ステレオ法といった撮影環境の観点からも，より実用性が高くかつ高精度に推定できる手法が多数提案されています。さらに，照度差ステレオ法単体の研究だけではなく，NeRF に代表されるニューラル 3 次元復元手法と融合した多視点照度差ステレオ法も活発に研究されており，今後のさらなる応用研究の広がりが期待されます。10 年前[22] は「読者の皆さんもぜひ試してみてください」と言われても，気軽に試すことは難しかったと思います。しかし，たとえば 4.2 項の未較正照度差ステレオ

[22] 2012 年当時の最先端研究が文献 [5] で紹介されています。本稿では，それから約 10 年間での進歩を，特に深層学習に関連した手法の発展という観点から追ってきました。

法の中で紹介したLichyらによる“Shape and Material Capture at Home” [72]では，手持ちのフラッシュライトで対象物体を照らしながら数枚の画像を撮影するのみで形状を推定することができます。プロジェクトページでは実装も公開されているので，ぜひ試してみてください[23]。

23) ほかにも，3節や4節で紹介した多くの論文で，著者による実装が公開されています。

1節で紹介したように，バーチャルリアリティやデジタルアーカイブ化などさまざまなアプリケーションにおいて，高精細な3次元復元技術への注目が年々高まっています。本稿ではそのような高精細な3次元復元手法の1つとして，照度差ステレオ法を紹介しました。本稿が照度差ステレオ法の原理と，最新の研究動向を理解する一助になれば幸いです。

参考文献

[1] 文化庁. 博物館法の一部を改正する法律（令和 4 年法律第 24 号）について. https://www.bunka.go.jp/seisaku/bijutsukan_hakubutsukan/shinko/kankei_horei/93697301.html.

[2] Robert J. Woodham. Photometric method for determining surface orientation from multiple images. *Optical Engineering*, Vol. 19, No. 1, pp. 139–144, 1980.

[3] William M. Silver. Determining shape and reflectance using multiple images. Master's thesis, Massachusetts Institute of Technology, 1980.

[4] Hiroaki Santo, Masaki Samejima, Yusuke Sugano, Boxin Shi, and Yasuyuki Matsushita. Deep photometric stereo network. In *Proceedings of ICCV Workshop on Physics Based Vision meets Deep Learning (PBDL)*, 2017.

[5] 八木康史, 斎藤英雄（編）, 松下康之, 古川泰隆, 川崎洋, 古川亮, 佐川立昌（著）. コンピュータビジョン最先端ガイド5（CVIMチュートリアルシリーズ）. アドコム・メディア株式会社, 2012.

[6] 松下康之. 照度差ステレオによる三次元形状推定. 生産と技術, Vol. 69, No. 1, 2017.

[7] Yvain Quéau, Jean-Denis Durou, and Jean-François Aujol. Normal integration: A survey. *Journal of Mathematical Imaging and Vision*, Vol. 60, pp. 576–593, 2018.

[8] Johann H. Lambert. *Photometria*. Augustae Vindelicorum, 1760.

[9] Min Li, Zhenglong Zhou, Zhe Wu, Boxin Shi, Changyu Diao, and Ping Tan. Multiview photometric stereo: A robust solution and benchmark dataset for spatially varying isotropic materials. *IEEE Transactions on Image Processing (TIP)*, Vol. 29, pp. 4159–4173, 2020.

[10] Roberto Mecca, Fotios Logothetis, Ignas Budvytis, and Roberto Cipolla. LUCES: A dataset for near-field point light source photometric stereo. In *Proceedings of British Machine Vision Conference (BMVC)*, 2021.

[11] Jieji Ren, Feishi Wang, Jiahao Zhang, Qian Zheng, Mingjun Ren, and Boxin Shi. DiLiGenT102: A photometric stereo benchmark dataset with controlled shape and material variation. In *Proceedings of IEEE Conference on Computer Vision and Pattern Recognition (CVPR)*, 2022.

[12] Kazuma Minami, Hiroaki Santo, Fumio Okura, and Yasuyuki Matsushita.

Symmetric-light photometric stereo. In *Proceedings of the Winter Conference on Applications of Computer Vision (WACV)*, 2022.

[13] Adam Metallo, Vincent Rossi, Jonathan Blundell, Günter Waibel, Paul Graham, Graham Fyffe, Xueming Yu, and Paul Debevec. Scanning and printing a 3D portrait of president Barack Obama. In *Proceedings of SIGGRAPH*, 2015.

[14] Ondrej Drbohlav and Mike Chantler. On optimal light configurations in photometric stereo. In *Proceedings of International Conference on Computer Vision (ICCV)*, 2005.

[15] Junxuan Li, Antonio Robles-Kelly, Shaodi You, and Yasuyuki Matsushita. Learning to minify photometric stereo. In *Proceedings of IEEE Conference on Computer Vision and Pattern Recognition (CVPR)*, 2019.

[16] Zhenglong Zhou and Ping Tan. Ring-light photometric stereo. In *Proceedings of European Conference on Computer Vision (ECCV)*, 2010.

[17] Chao Liu, Srinivasa G. Narasimhan, and Artur W. Dubrawski. Near-light photometric stereo using circularly placed point light sources. In *Proceedings of IEEE International Conference on Computational Photography (ICCP)*, 2018.

[18] Jens Ackermann, Simon Fuhrmann, and Michael Goesele. Geometric point light source calibration. In *Proceedings of Vision, Modeling, and Visualization*, 2013.

[19] Hui-Liang Shen and Yue Cheng. Calibrating light sources by using a planar mirror. *Journal of Electronic Imaging*, Vol. 20, No. 1, pp. 013002-1–013002-6, 2011.

[20] Hiroaki Santo, Michael Waechter, Wen-Yan Lin, Yusuke Sugano, and Yasuyuki Matsushita. Light structure from pin motion: Geometric point light source calibration. *International Journal of Computer Vision (IJCV)*, Vol. 128, No. 7, pp. 1889–1912, 2020.

[21] Zhengyou Zhang. A flexible new technique for camera calibration. *IEEE Transactions on Pattern Analysis and Machine Intelligence*, Vol. 22, No. 11, pp. 1330–1334, 2000.

[22] Yasuhiro Mukaigawa, Yasunori Ishii, and Takeshi Shakunaga. Analysis of photometric factors based on photometric linearization. *JOSA A*, Vol. 24, No. 10, pp. 3326–3334, 2007.

[23] Tai-Pang Wu and Chi-Keung Tang. Photometric stereo via expectation maximization. *IEEE Transactions on Pattern Analysis and Machine Intelligence*, Vol. 32, No. 3, pp. 546–560, 2010.

[24] Daisuke Miyazaki, Kenji Hara, and Katsushi Ikeuchi. Median photometric stereo as applied to the Segonko Tumulus and museum objects. *International Journal of Computer Vision (IJCV)*, Vol. 86, No. 2–3, pp. 229–242, 2010.

[25] Satoshi Ikehata, David Wipf, Yasuyuki Matsushita, and Kiyoharu Aizawa. Robust photometric stereo using sparse regression. In *Proceedings of IEEE Conference on Computer Vision and Pattern Recognition (CVPR)*, 2012.

[26] Lun Wu, Arvind Ganesh, Boxin Shi, Yasuyuki Matsushita, Yongtian Wang, and Yi Ma. Robust photometric stereo via low-rank matrix completion and recovery. In *Proceedings of Asian Conference on Computer Vision (ACCV)*, 2011.

[27] Robert L. Cook and Kenneth E. Torrance. A reflectance model for computer graphics. *ACM Transactions on Graphics (TOG)*, Vol. 1, No. 1, pp. 7–24, 1982.

[28] Athinodoros Georghiades. Incorporating the torrance and sparrow model of re-

flectance in uncalibrated photometric stereo. In *Proceedings of International Conference on Computer Vision (ICCV)*, 2003.

[29] Roland Ruiters and Reinhard Klein. Heightfield and spatially varying BRDF reconstruction for materials with interreflections. *Computer Graphics Forum*, Vol. 28, No. 2, pp. 513–522, 2009.

[30] Boxin Shi, Ping Tan, Yasuyuki Matsushita, and Katsushi Ikeuchi. Bi-polynomial modeling of low-frequency reflectances. *IEEE Transactions on Pattern Analysis and Machine Intelligence*, Vol. 36, No. 6, pp. 1078–1091, 2014.

[31] 松下康之. 照度差ステレオ. 情報処理学会研究報告, Vol. 2011-CVIM-177, No. 29, 2011.

[32] Satoshi Ikehata. CNN-PS: CNN-based photometric stereo for general non-convex surfaces. In *Proceedings of European Conference on Computer Vision (ECCV)*, 2018.

[33] Guanying Chen, Kai Han, and Kwan-Yee K. Wong. PS-FCN: A flexible learning framework for photometric stereo. In *Proceedings of European Conference on Computer Vision (ECCV)*, 2018.

[34] Zhuokun Yao, Kun Li, Ying Fu, Haofeng Hu, and Boxin Shi. GPS-NET: Graph-based photometric stereo network. In *Proceedings of Advances in Neural Information Processing Systems (NeurIPS)*, 2020.

[35] Satoshi Ikehata. PS-Transformer: Learning sparse photometric stereo network using self-attention mechanism. In *Proceedings of British Machine Vision Conference (BMVC)*, 2021.

[36] Nitish Srivastava, Geoffrey Hinton, Alex Krizhevsky, Ilya Sutskever, and Ruslan Salakhutdinov. Dropout: A simple way to prevent neural networks from overfitting. *The Journal of Machine Learning Research*, Vol. 15, No. 1, pp. 1929–1958, 2014.

[37] Gao Huang, Zhuang Liu, Laurens Van Der Maaten, and Kilian Q. Weinberger. Densely connected convolutional networks. In *Proceedings of IEEE Conference on Computer Vision and Pattern Recognition (CVPR)*, 2017.

[38] Qian Zheng, Yiming Jia, Boxin Shi, Xudong Jiang, Ling-Yu Duan, and Alex C. Kot. SPLINE-Net: Sparse photometric stereo through lighting interpolation and normal estimation networks. In *Proceedings of International Conference on Computer Vision (ICCV)*, 2019.

[39] Jianlong Chang, Jie Gu, Lingfeng Wang, Gaofeng Meng, Shiming Xiang, and Chunhong Pan. Structure-aware convolutional neural networks. In *Proceedings of Advances in Neural Information Processing Systems (NeurIPS)*, 2018.

[40] 井尻善久, 牛久祥孝, 片岡裕雄, 藤吉弘亘（編）, 牛久祥孝, 井上中順, 片岡裕雄（著）. コンピュータビジョン最前線 Winter 2021, イマドキノ CV. 共立出版, 2021. https://kyoritsu-pub.sakura.ne.jp/app/file/goods_contents/3841.pdf.

[41] Wojciech Matusik, Hanspeter Pfister, Matt Brand, and Leonard McMillan. A data-driven reflectance model. *ACM Transactions on Graphics (TOG)*, Vol. 22, No. 3, pp. 759–769, 2003.

[42] Micah K. Johnson and Edward H. Adelson. Shape estimation in natural illumination. In *Proceedings of IEEE Conference on Computer Vision and Pattern Recognition (CVPR)*, 2011.

[43] David F. Fouhey, Abhinav Gupta, and Andrew Zisserman. 3D shape attributes. In *Proceedings of IEEE Conference on Computer Vision and Pattern Recognition (CVPR)*, 2016.

[44] Brent Burley. Physically-based shading at Disney. In *Proceedings of SIGGRAPH 2012 Course Notes*, 2012.

[45] Wenzel Jakob, Sébastien Speierer, Nicolas Roussel, Merlin Nimier-David, Delio Vicini, Tizian Zeltner, Baptiste Nicolet, Miguel Crespo, Vincent Leroy, and Ziyi Zhang. Mitsuba 3 renderer, 2022. https://mitsuba-renderer.org.

[46] Blender Online Community. *Blender: A 3D modelling and rendering package*. Blender Foundation. http://www.blender.org.

[47] Fotios Logothetis, Ignas Budvytis, Roberto Mecca, and Roberto Cipolla. PX-NET: simple, efficient pixel-wise training of photometric stereo networks. In *Proceedings of International Conference on Computer Vision (ICCV)*, 2021.

[48] Hiroaki Santo, Masaki Samejima, Yusuke Sugano, Boxin Shi, and Yasuyuki Matsushita. Deep photometric stereo networks for determining surface normal and reflectances. *IEEE Transactions on Pattern Analysis and Machine Intelligence*, Vol. 44, No. 1, pp. 114 – 128, 2020.

[49] Neil Alldrin, Todd Zickler, and David Kriegman. Photometric stereo with non-parametric and spatially-varying reflectance. In *Proceedings of IEEE Conference on Computer Vision and Pattern Recognition (CVPR)*, 2008.

[50] Ying Xiong, Ayan Chakrabarti, Ronen Basri, Steven J. Gortler, David W. Jacobs, and Todd E. Zickler. From shading to local shape. *IEEE Transactions on Pattern Analysis and Machine Intelligence*, Vol. 37, No. 1, pp. 67–79, 2015.

[51] Charles-Félix Chabert, Per Einarsson, Andrew Jones, Bruce Lamond, Wan-Chun Ma, Sebastian Sylwan, Tim Hawkins, and Paul Debevec. Relighting human locomotion with flowed reflectance fields. In *Proceedings of Eurographics Symposium on Rendering*, 2006.

[52] Boxin Shi, Zhipeng Mo, Zhe Wu, Dinglong Duan, Sai-Kit Yeung, and Ping Tan. A benchmark dataset and evaluation for non-Lambertian and uncalibrated photometric stereo. *IEEE Transactions on Pattern Analysis and Machine Intelligence*, Vol. 41, No. 2, pp. 271–284, 2019.

[53] Jaesik Park, Sudipta N. Sinha, Yasuyuki Matsushita, Yu-Wing Tai, and In S. Kweon. Robust multiview photometric stereo using planar mesh parameterization. *IEEE Transactions on Pattern Analysis and Machine Intelligence*, Vol. 39, No. 8, pp. 1591–1604, 2016.

[54] Toby Collins and Adrien Bartoli. 3D reconstruction in laparoscopy with close-range photometric stereo. In *Proceedings of International Conference on Medical Image Computing and Computer-Assisted Intervention*, 2012.

[55] Alexandre Bony, Benjamin Bringier, and Majdi Khoudeir. Tridimensional reconstruction by photometric stereo with near spot light sources. In *Proceedings of European Signal Processing Conference*, 2013.

[56] Jahanzeb Ahmad, Jiuai Sun, Lyndon Smith, and Melvyn Smith. An improved photometric stereo through distance estimation and light vector optimization from diffused

maxima region. *Pattern Recognition Letters*, Vol. 50, pp. 15–22, 2014.

[57] Xiang Huang, Marc Walton, Greg Bearman, and Oliver Cossairt. Near light correction for image relighting and 3D shape recovery. In *Proceedings of Digital Heritage*, 2015.

[58] Ying Nie and Zhan Song. A novel photometric stereo method with nonisotropic point light sources. In *Proceedings of International Conference on Pattern Recognition (ICPR)*, 2016.

[59] Roberto Mecca, Aaron Wetzler, Alfred M. Bruckstein, and Ron Kimmel. Near field photometric stereo with point light sources. *SIAM Journal on Imaging Sciences*, Vol. 7, No. 4, pp. 2732–2770, 2014.

[60] Roberto Mecca, Emanuele Rodolà, and Daniel Cremers. Realistic photometric stereo using partial differential irradiance equation ratios. *Computers & Graphics*, Vol. 51, pp. 8–16, 2015.

[61] Roberto Mecca and Yvain Quéau. Unifying diffuse and specular reflections for the photometric stereo problem. In *Proceedings of the Winter Conference on Applications of Computer Vision (WACV)*, 2016.

[62] Yvain Quéau, Bastien Durix, Tao Wu, Daniel Cremers, François Lauze, and Jean-Denis Durou. LED-based photometric stereo: Modeling, calibration and numerical solution. *Journal of Mathematical Imaging and Vision*, Vol. 60, No. 3, pp. 313–340, 2018.

[63] Hiroaki Santo, Michael Waechter, and Yasuyuki Matsushita. Deep near-light photometric stereo for spatially varying reflectances. In *Proceedings of European Conference on Computer Vision (ECCV)*, 2020.

[64] Fotios Logothetis, Ignas Budvytis, Roberto Mecca, and Roberto Cipolla. A CNN based approach for the near-field photometric stereo problem. In *Proceedings of British Machine Vision Conference (BMVC)*, 2020.

[65] Yvain Quéau and Jean-Denis Durou. Edge-preserving integration of a normal field: Weighted least-squares, TV and L1 approaches. In *Proceedings of International Conference on Scale Space and Variational Methods in Computer Vision*, 2015.

[66] Daniel Lichy, Soumyadip Sengupta, and David W. Jacobs. Fast light-weight near-field photometric stereo. In *Proceedings of IEEE Conference on Computer Vision and Pattern Recognition (CVPR)*, 2022.

[67] Peter N. Belhumeur, David J. Kriegman, and Alan L. Yuille. The bas-relief ambiguity. *International Journal of Computer Vision (IJCV)*, Vol. 35, No. 1, pp. 33–44, 1999.

[68] Neil G. Alldrin, Satya P. Mallick, and David J. Kriegman. Resolving the generalized bas-relief ambiguity by entropy minimization. In *Proceedings of IEEE Conference on Computer Vision and Pattern Recognition (CVPR)*, 2007.

[69] Boxin Shi, Yasuyuki Matsushita, Yichen Wei, Chao Xu, and Ping Tan. Self-calibrating photometric stereo. In *Proceedings of IEEE Conference on Computer Vision and Pattern Recognition (CVPR)*, 2010.

[70] Guanying Chen, Kai Han, Boxin Shi, Yasuyuki Matsushita, and Kwan-Yee K. Wong. Self-calibrating deep photometric stereo networks. In *Proceedings of IEEE Conference on Computer Vision and Pattern Recognition (CVPR)*, 2019.

[71] Guanying Chen, Waechter Michael, Boxin Shi, Kwan-Yee K. Wong, and Yasuyuki

Matsushita. What is learned in deep uncalibrated photometric stereo? In *Proceedings of European Conference on Computer Vision (ECCV)*, 2020.

[72] Daniel Lichy, Jiaye Wu, Soumyadip Sengupta, and David W. Jacobs. Shape and material capture at home. In *Proceedings of IEEE Conference on Computer Vision and Pattern Recognition (CVPR)*, 2021.

[73] Satoshi Ikehata. Universal photometric stereo network using global lighting contexts. In *Proceedings of IEEE Conference on Computer Vision and Pattern Recognition (CVPR)*, 2022.

[74] Ben Mildenhall, Pratul P. Srinivasan, Matthew Tancik, Jonathan T. Barron, Ravi Ramamoorthi, and Ren Ng. NeRF: Representing scenes as neural radiance fields for view synthesis. In *Proceedings of European Conference on Computer Vision (ECCV)*, 2020.

[75] 井尻善久, 牛久祥孝, 片岡裕雄, 藤吉弘亘（編）, 齋藤隼介（著）. コンピュータビジョン最前線 Spring 2023, ニュウモン ニューラル 3 次元復元. 共立出版, 2023.

[76] Berk Kaya, Suryansh Kumar, Francesco Sarno, Vittorio Ferrari, and Luc Van Gool. Neural radiance fields approach to deep multi-view photometric stereo. In *Proceedings of the Winter Conference on Applications of Computer Vision (WACV)*, 2022.

[77] Berk Kaya, Suryansh Kumar, Carlos Oliveira, Vittorio Ferrari, and Luc Van Gool. Uncertainty-aware deep multi-view photometric stereo. In *Proceedings of IEEE Conference on Computer Vision and Pattern Recognition (CVPR)*, 2022.

[78] Fangjinhua Wang, Silvano Galliani, Christoph Vogel, Pablo Speciale, and Marc Pollefeys. PatchmatchNet: Learned multi-view patchmatch stereo. In *Proceedings of IEEE Conference on Computer Vision and Pattern Recognition (CVPR)*, 2021.

[79] Yarin Gal and Zoubin Ghahramani. Bayesian convolutional neural networks with Bernoulli approximate variational inference. *arXiv:1506.02158*, 2015.

[80] Wenqi Yang, Guanying Chen, Chaofeng Chen, Zhenfang Chen, and Kwan-Yee K. Wong. PS-NeRF: Neural inverse rendering for multi-view photometric stereo. In *Proceedings of European Conference on Computer Vision (ECCV)*, 2022.

さんとう ひろあき（大阪大学）

鉄分 @Tetubooooon 作／松井勇佑 編

（マンガ寄稿者募集中！　寄稿をご希望の方は東京大学松井勇佑〈matsui@hal.t.u-tokyo.ac.jp〉までご一報ください）

CV イベントカレンダー

名　称	開催地	開催日程	投稿期限
『コンピュータビジョン最前線　Summer 2023』6/10 発売			
ICMR 2023（ACM International Conference on Multimedia Retrieval）[国際] icmr2023.org	Thessaloniki, Greece	2023/6/12～6/15	2023/2/12
SSII2023（画像センシングシンポジウム）[国内] confit.atlas.jp/guide/event/ssii2023/top	パシフィコ横浜＋オンライン	2023/6/14～6/16	2023/4/21
CVPR 2023（IEEE/CVF International Conference on Computer Vision and Pattern Recognition）[国際] cvpr.thecvf.com	Vancouver, Canada	2023/6/18～6/22	2022/11/11
ACL 2023（Annual Meeting of the Association for Computational Linguistics）[国際] 2023.aclweb.org	Tronto, Canada	2023/7/9～7/14	2022/12/15
ICME 2023（IEEE International Conference on Multimedia and Expo）[国際] www.2023.ieeeicme.org	Brisbane, Australia	2023/7/10～7/14	2022/12/22
RSS 2023（Conference on Robotics: Science and Systems）[国際] roboticsconference.org	Daegu, Korea	2023/7/10～7/14	2023/2/3
ICML 2023（International Conference on Machine Learning）[国際] icml.cc	Hawaii, USA	2023/7/23～7/29	2023/1/26
MIRU2023（画像の認識・理解シンポジウム）[国内] cvim.ipsj.or.jp/MIRU2023/	アクトシティ浜松	2023/7/25～7/28	2023/3/17
ICCP 2023（International Conference on Computational Photography）[国際] iccp2023.iccp-conference.org	Madison, WI, USA	2023/7/28～7/30	2023/4/14
SIGGRAPH 2023（Premier Conference and Exhibition on Computer Graphics and Interactive Techniques）[国際] s2023.siggraph.org	Los Angeles, USA＋Online	2023/8/6～8/10	2023/1/25
KDD 2023（ACM SIGKDD Conference on Knowledge Discovery and Data Mining）[国際] kdd.org/kdd2023	California, USA	2023/8/6～8/10	2023/2/2
IJCAI-23（International Joint Conference on Artificial Intelligence）[国際] ijcai-23.org	Macao, S. A. R, China	2023/8/19～8/25	2023/1/18
Interspeech 2023（Interspeech Conference）[国際] interspeech2023.org	Dublin, Ireland	2023/8/20～8/24	2023/3/1

名　称	開催地	開催日程	投稿期限
FIT2023（情報科学技術フォーラム）国内 www.ipsj.or.jp/event/fit/fit2023/	大阪公立大学 中百舌鳥キャンパス ＋オンライン	2023/9/6〜9/8	2023/6/16
SICE 2023（SICE Annual Conference）国際 sice.jp/siceac/sice2023/	Mie, Japan	2023/9/6〜9/9	2023/5/2
『コンピュータビジョン最前線　Autumn 2023』9/10 発売			
IROS 2023（IEEE/RSJ International Conference on Intelligent Robots and Systems）国際 ieee-iros.org	Detroit, USA	2023/10/1〜10/5	2023/3/1
ICCV 2023（International Conference on Computer Vision）国際 iccv2023.thecvf.com	Paris, France	2023/10/2〜10/6	2023/3/8
ICIP 2023（IEEE International Conference on Image Processing）国際 2023.ieeeicip.org	Kuala Lumpur, Malaysia	2023/10/8〜10/11	2023/2/24
ISMAR 2023（IEEE International Symposium on Mixed and Augmented Reality）国際 ismar23.org	Sydney, Australia	2023/10/16〜10/20	2023/3/25
UIST 2023（ACM Symposium on User Interface Software and Technology）国際 uist.acm.org/2023/	California, USA	2023/10/29〜11/1	2023/4/5
IBIS2023（情報論的学習理論ワークショップ）国内 ibisml.org/ibis2023/	北九州国際会議場 ＋オンライン	2023/10/29〜11/1	未定
ACM MM 2023（ACM International Conference on Multimedia）国際 www.acmmm2023.org	Ottawa, Canada	2023/10/29〜11/3	2023/4/30
CoRL 2023（Conference on Robot Learning）国際 corl2023.org	Atlanta, USA	2023/11/6〜11/9	2023/6/8
情報処理学会 CVIM 研究会/電子情報通信学会 PRMU 研究会［DCC 研究会，CGVI 研究会と連催，11 月度］国内 ken.ieice.org/ken/program/index.php?tgid=IPSJ-CVIM	鳥取近郊 ＋オンライン	2023/11/16〜11/17	2023/9/6
ACM MM Asia 2023（ACM Multimedia Asia）国際 www.mmasia2023.org	Tainan, Taiwan	2023/12/6〜12/8	2023/7/22
ViEW2023（ビジョン技術の実利用ワークショップ）国内 view.tc-iaip.org/view/2023/	パシフィコ横浜 ＋オンライン	2023/12/7〜12/8	2023/10 下旬

名　称	開催地	開催日程	投稿期限
『コンピュータビジョン最前線　Winter 2023』12/10 発売			
NeurIPS 2023（Conference on Neural Information Processing Systems）［国際］ neurips.cc	New Orleans, LA, USA	2023/12/10～12/16	2023/5/17
情報処理学会 CVIM 研究会/電子情報通信学会 PRMU 研究会［電子情報通信学会 MVE 研究会/VR 学会 SIG-MR 研究会と連催，1 月度］［国内］ ken.ieice.org/ken/program/index.php?tgid=IPSJ-CVIM	未定	2024/1/25～1/26	2023/11/7
AAAI-24（AAAI Conference on Artificial Intelligence）［国際］ aaai.org/aaai-conference	Vancouver, Canada	2024/2/20～2/27	T. B. D.
情報処理学会 CVIM 研究会/電子情報通信学会 PRMU 研究会［IBISML 研究会と連催，3 月度］［国内］ ken.ieice.org/ken/program/index.php?tgid=IPSJ-CVIM	広島近郊	2024/3/3～3/4	2024/1/5
電子情報通信学会 2024 年総合大会［国内］	広島大学 東広島キャンパス	2024/3/5～3/8	未定
『コンピュータビジョン最前線　Spring 2024』3/10 発売			
情報処理学会第 86 回全国大会［国内］ ipsj.or.jp/event/taikai/86/index.html	神奈川大学横浜キャンパス	2024/3/15～3/17	未定
ICASSP 2024（IEEE International Conference on Acoustics, Speech, and Signal Processing）［国際］ 2024.ieeeicassp.org	Seoul, Korea	2024/4/14～4/19	T. B. D.
ICLR 2024（International Conference on Learning Representations）［国際］ iclr.cc	Vienna, Austria	2024/5/4～5/8	T. B. D.
CHI 2024（ACM CHI Conference on Human Factors in Computing Systems）［国際］ chi2024.acm.org/	Honolulu, Hawaii ＋Online	2024/5/11～5/16	2023/9/14
WWW 2024（ACM Web Conference）［国際］ www2024.thewebconf.org	Singapore	2024/5/13～5/17	T. B. D.
ICRA 2024（IEEE International Conference on Robotics and Automation）［国際］	Yokohama, Japan	2024/5/13～5/18	T. B. D.
NAACL 2024（Annual Conference of the North American Chapter of the Association for Computational Linguistics）［国際］	T. B. D.	T. B. D.	T. B. D.
3DV 2024（International Conference on 3D Vision）［国際］	T. B. D.	T. B. D.	T. B. D.
DIA2024（動的画像処理実利用化ワークショップ）［国内］	未定	未定	未定
AISTATS 2024（International Conference on Artificial Intelligence and Statistics）［国際］	T. B. D.	T. B. D.	T. B. D.

名　称	開催地	開催日程	投稿期限
SCI' 24（システム制御情報学会研究発表講演会）[国内]	未定	未定	未定
情報処理学会 CVIM 研究会/電子情報通信学会 PRMU 研究会［連催，5 月度］[国内]	未定	未定	未定
JSAI2024（人工知能学会全国大会）[国内]	未定	未定	未定

2023 年 5 月 2 日現在の情報を記載しています。最新情報は掲載 URL よりご確認ください。また，投稿期限はすべて原稿の提出締切日です。多くの場合，概要や主題の締切は投稿期限の 1 週間程度前に設定されていますのでご注意ください。

Google カレンダーでも本カレンダーを公開しています。ぜひご利用ください。
tinyurl.com/bs98m7nb

編集後記

Summer 2023号は生成AI祭りと題し，イマドキノ拡散モデル，フカヨミCLIP，フカヨミ画像キャプション生成，フカヨミジェスチャー動作生成の4つの記事が掲載されました。どの記事も，生成AIの最新技術や魅力的な応用例が紹介されており，ますますAI技術の進歩が目覚ましいことを感じます。

以前の編集後記で述べたように，研究や開発に必要な「限られた時間」を有効活用することが大切であると強調しました。生成AIに関する研究にも同様に時間と労力が必要であり，その分野においても効率的な研究手法やチームワークが求められています。

本誌の編集に携わることで，最先端の技術情報に触れるだけでなく，研究者や技術者の方々の情熱や努力に触れることができます。今回の記事も，著者の皆様がそれぞれの分野で取り組んできた研究成果や知見が凝縮されており，読者にとって非常に有益なものとなっています。

今後も，『コンピュータビジョン最前線』は最先端の技術情報を正確かつ分かりやすくお届けすることで，AI技術の発展に貢献していきたいと思います。また，研究や開発に携わる皆様の情熱や努力を，これからも応援し続けていきます。

ChatGPT prompted by 牛久祥孝

次刊予告（Autumn 2023／2023年9月刊行予定）
巻頭言（青木義満）／イマドキノ バーチャルヒューマン（朱田浩康）／フカヨミ オープンワールド物体検出（齋藤邦章）／フカヨミ マルチフレーム超解像（前田舜太）／フカヨミ 深層単画像カメラ校正（若井信彦）／ニュウモン AutoML（菅沼雅徳）／わけワカメ・フューチャー（永井朝文 @nagatomo0506）

コンピュータビジョン最前線　Summer 2023

2023年6月10日　初版1刷発行

編　　者　井尻善久・牛久祥孝・片岡裕雄・藤吉弘亘
発 行 者　南條光章
発 行 所　**共立出版株式会社**
〒112-0006　東京都文京区小日向4-6-19　電話　03-3947-2511（代表）
振替口座　00110-2-57035
www.kyoritsu-pub.co.jp

本文制作　㈱グラベルロード
印　　刷
製　　本　大日本法令印刷

検印廃止
NDC 007.13
ISBN 978-4-320-12548-3

一般社団法人
自然科学書協会
会員

Printed in Japan